写真で見るコンクリートの劣化・診断

コンクリート構造物の健全度を調べる方法には、処理した画像や試薬に反応した試料の色から判断するものがある。3～5ページにその例を示した。コンクリート診断士には、微妙な色の変化を見分ける能力も求められる。詳細は、本文の各キーワードの説明を参照されたい。

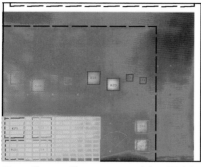

サーモグラフィー法でコンクリート内部の調査をした例。温度差が生じる原理を利用し、空洞の存在が分かる
キーワード3「空洞」（16ページ参照）

微生物腐食により硫酸劣化した下水処理施設の様子。コンクリート表面から脆弱化が始まる
キーワード23「化学的腐食」（58ページ参照）

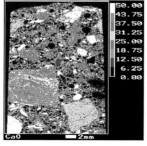

電子マイクロアナライザー（EPMA）による調査結果の例。コンクリート表面と内部の違いが認められる。写真上部はカルシウムの溶出が見られ、劣化の範囲と判断できる
キーワード36「溶出（溶脱）」（84ページ参照）

中性化深さ測定では、構造物をはつり取った箇所にフェノールフタレインの1％エタノール溶液を噴霧し、コンクリート表面から赤紫色に呈色している部分までの厚さを測定する
キーワード47「中性化深さ」（108ページ参照）

コンクリートの中性化深さと鉄筋位置。中性化残りが小さくなると、鉄筋発錆の危険性が大きくなる
キーワード48「中性化速度式」
（110ページ参照）

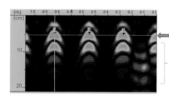

電磁波レーダー法の測定波形。鉄筋位置よりも深部にリンギングによる多重反射が表れている
キーワード55「電磁波レーダー法」（124ページ参照）

 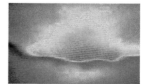

斜め方向に進展したひび割れがあるコンクリートに対して測定されたサーモグラフィー法の撮影画像。赤色で示される高温部へ、ひび割れが進展している
キーワード68「サーモグラフィー法」（150ページ参照）

滴定前　　　　滴定中（当量点前）　　　　当量点

当量点までは蛍光を維持するが、当量点を過ぎると蛍光を失って赤色に変化する
キーワード80「硝酸銀滴定法」（176ページ参照）

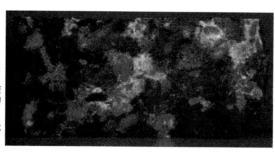

コンクリートの切断面に酢酸ウラニルを塗布し、UVライトを当てた状態。アルカリシリカゲルが緑黄色の蛍光を発している
キーワード88「酢酸ウラニル蛍光法」（192ページ参照）

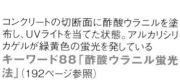

塩分環境下で中性化したコンクリートのEPMAによるマッピング分析結果。赤＞橙＞黄＞緑＞青＞紫＞白の順に各元素の濃度が高い
キーワード89「電子線マイクロアナライザー」（194ページ参照）

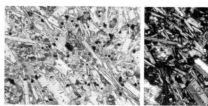

輝石安山岩の観察結果の例。直交ニコル（右）では黒く見える部分、平行ニコル（左）では赤い点線で囲まれた部分がクリストバライト
キーワード91「偏光顕微鏡」（198ページ参照）

■**写真・資料の提供者**

NEDO　161図

アースサイエンス　199右中図

オリンパス　199左上および右上図

経済産業省　279図

経済調査会　121グラフ

コロナ社　133図

サーモフィッシャーサイエンティフィック　212写真

銭高組・前田建設工業・日本国土開発、土木研究所　99フロー図

セメント協会　173表

ソフトコアリング協会　98中上および右上写真、99グラフ

土木学会　183グラフ

土木学会　242上表

土木研究所、戸田建設　103写真4点およびグラフ

長岡技術科学大学　206左上写真

日本コンクリート工学会　183表

日本非破壊検査協会　101図

日本ヒルティ　121左上写真

マルイ　157下図

三井住友建設、土木研究所　145グラフおよび右下の写真

リガク　202写真

リック、土木研究所　145左下写真

本書で特記以外の写真・資料は筆者あるいは日経コンストラクションによるもの

はじめに

　持続可能な社会の形成のためには、これまでに構築された100億m³にも達するコンクリート構造物を適切に維持管理することが重要です。そのためには、社会資本ストックを適切に診断できる技術者が必要との考えから、2001年度に当時の社団法人　日本コンクリート工学協会（現・公益社団法人 日本コンクリート工学会）が「コンクリート診断士」の制度を立ち上げました。以来、2021年4月時点で登録者は1万4017人に上り、多くのコンクリート診断士がそれぞれ活躍の場を得ています。

　ただ、コンクリート診断士の資格を保有していても、経験を積まなければ信頼されるコンクリート診断の技術者にはなれません。また、診断の機会に恵まれなければ適切な判断を下す能力はなかなか身に付きません。コンクリート診断士に必要とされる技術は多岐にわたります。劣化のメカニズムの把握、変状の調査、試験や分析の実施、調査結果などに基づく判断、そして的確な補修・補強の対策など、それぞれのプロセスに専門的な技術力が必要です。それゆえ、資格取得後のさらなる技量の向上が望まれます。

　我々は2012年、これからコンクリート診断士の資格取得を目指す技術者と、既にコンクリート診断士の資格を保有している技術者にとって必要と考えられるキーワード100個を解説した「コンクリート診断士試験重要キーワード100」を発刊しました。それから5年余りがたち、コンクリート診断の分野では新たな知見や技術が世に出てきましたので「コンクリート診断士試験重要キーワード120」を発刊しました。

　このたび、さらにキーワードを加え、この「コンクリート診断士試験重要キーワード130」を発刊するに至りました。130個のキーワードはいずれも、試験勉強にはもちろん、実務の場面でも役立つ重要な用語です。本書をステップとして、さらなる知識の習得に努めてもらうことを期待しています。

　最後に、本書の作成に際して、参考にさせていただいた文献の著者の皆様に深く感謝いたします。

著者一同

目次

（注）本文中の用語については、日経BPの用語表記に従っています。例えば、土木学会のコンクリート標準示方書では「打込み」、「締固め」といった表記を採用していますが、本書ではそれぞれ「打ち込み」、「締め固め」と表記しています。

変状
に関する用語

豆板

●用語の説明

　型枠を外したときに表面に豆が集まったように見える不具合を、干菓子の「豆板」に様子が似ていることから豆板と呼ぶ。つまり、コンクリートの打ち込み中に粗骨材ばかりが集まってできる不良部分で、右下の写真に示すような状態となる。ジャンカとも呼ばれるが、土木学会および日本建築学会では用語の表記を「豆板」に統一している。

干菓子の豆板

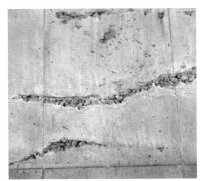

コンクリート構造物に生じた豆板の例

●発生のメカニズム

　豆板は、コンクリートを打ち込む際に、モルタルと粗骨材の分離が生じ、型枠の中で粗骨材ばかりが集まった場合に生じる。粗骨材が集まるのは、コンクリートの移動中に粒径の大きい粗骨材が慣性力で遠くに離れるためであり、傾斜面を利用した打ち込み、圧送中の輸送管内の自由落下などが引き起こす。豆板の発生メカニズムの概念を右に示す。また、型枠の隙間からモルタル(セメントペースト)が抜け出してできる場合、硬練りのコンクリートの締め固め不足でできる場合もある。

●豆板の発生メカニズム

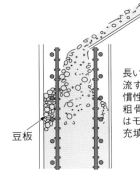

豆板

長い斜面にコンクリートを流すと粗骨材が分離し、慣性力で遠い方に集まる。粗骨材が集まった箇所はモルタルをかぶせても充填されず、豆板ができる

●調査方法

　コンクリート表面に豆板ができると、内部に同様の空隙ができていることが懸念される。

そのため、どこまで補修を必要とするかを判断するための調査を行う必要がある。

　コンクリート内部の空洞を調査する方法としては、超音波による方法（「66 超音波法」、146ページ参照）、レーダーによる方法（「55 電磁波レーダー法」、124ページ参照）、X線による方法（「56 X線透過撮影法」、126ページ参照）などがある。

◉防止対策

　運搬・打ち込み中に骨材だけが集まった箇所にはモルタルをかぶせても骨材の間隙には入り込まない。運搬・打ち込み中に材料分離を生じさせない配慮が必要である。また、配筋や配管が存在するなど、打ち込みにくい箇所、締め固めをしにくい箇所では、充填に適した柔らかさのコンクリートとすることが望ましい。

　豆板の防止対策としては、材料分離が生じにくい材料の選定と配合（調合）計画をすることが必要である。例えば、水セメント比が小さいほどコンクリートの粘性が高くなり、細骨材中の微粉量が多いとコンクリートに粘りが生じ、材料分離が生じにくくなる。また、コンクリートの打ち込み時にコンクリート中の粗骨材が分離しないような方法を選択するとよい。ポンプ工法は一般的には材料分離を生じにくい工法とされているが、打ち始めと打ち終わりには、材料分離を生じる場合が多い。段取り替え時の筒先の移動など断続的に打ち込む場合に注意が必要である。

　打ち込み中に材料分離を見つけた場合は、分離した粗骨材をすくい取って、モルタルの多い箇所に沈めて締め固めるとよい。

◉補修方法

　豆板の補修は、局部補修となる。一般的には、粗骨材だけの部分を取り除き、その部分にコンクリート、あるいはポリマーセメントモルタルなどを用いて修復する。はつり取った箇所が小さいときは、こてなどを用いて固練りのモルタルで修復し、補修箇所が大きい場合は、型枠を設置して、プレパックド工法で無収縮モルタルなどを充填する工法とする。

●豆板の補修の例

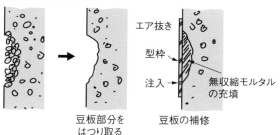

豆板部分を
はつり取る　　　豆板の補修

エア抜き
型枠
注入
無収縮モルタル
の充填

キーワード 2

コールドジョイント

●用語の説明

コールドジョイントは、英語の意味から「冷たい継ぎ目」と訳すことができ、一体にならない継ぎ目である。コンクリートを打ち重ねる際に、先に打ち込まれたコンクリートが凝結・硬化を始め、後から打ち重ねられるコンクリートと一体にならない箇所をコールドジョイントと呼ぶ。打ち継ぎと異なり、継ぎ目の処理をしていないため、脆弱部を中間層に持つ形となり、劣化因子が浸入しやすい欠陥となる。上の写真は、コールドジョイントの一例である。打ち継ぎ面と異なり、直線になっていない場合が多い。

コールドジョイントの例

●発生のメカニズム

コンクリートの打ち込みは、連続的に行い継ぎ目ができないようにするのを基本としている。しかし、コンクリートを型枠内に充填する手順において、時間待ちをする状況が生じ、打ち重ねに時間を要する場合がある。また、コンクリート工事の作業中には予期せぬトラブルが生じる場合もある。このように、先に打ち込まれたコンクリートに、時間を経過した段階でコンクリートが打ち重ねられると、界面での粗骨材の不在や付着力の低下などによりコールドジョイントが生じる。

右の図の(1)は、コンクリートの凝結が時間の経過とともに進行する状態を示している。(2)はブリーディングの発生状況で、凝結に伴って少なくなり、ブリーディングが生じる段階であれ

●コンクリートの凝結、ブリーディングとコールドジョイントの発生概念

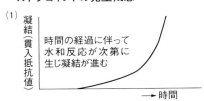

(1) 凝結（貫入抵抗値）

時間の経過に伴って水和反応が次第に生じ凝結が進む

→ 時間

(2) ブリーディング量（率）

凝結が進むことによりブリーディング量（率）は減少

→ 時間

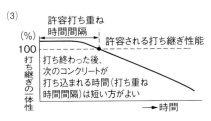

(3) 許容打ち重ね時間間隔

(%) 100 打ち継ぎの一体性

許容される打ち継ぎ性能

打ち終わった後、次のコンクリートが打ち込まれる時間（打ち重ね時間間隔）は短い方がよい

→ 時間

ば再振動でコンクリートは再び流動性を回復するため、(3)のように早期に打ち重ねるとコールドジョイントは生じにくい。

◉調査方法

コールドジョイントは、型枠を外した段階において目視で確認できる。コールドジョイントの調査はその分布状態を記録し、コールドジョイントの隙間の大きさを、ひび割れと同様の方法で、クラックスケールなどを用いて測定する。

◉防止対策

コールドジョイントは、打ち重ね時間間隔が2時間以内、冬季でも2.5時間以内となるよう、適切な打ち回し計画を考慮し、それを確実に実践できるような施工管理によって回避することができる。短時間で打ち重ねるほど、コールドジョイトの発生の危険性が低減される。

◉補修方法

コールドジョイントは、打ち継ぎと同様に考えることができるが、打ち継ぎ処理ができていない場合が多いため、劣化因子が浸入する隙間ができていると考えなければならない。コールドジョイントの補修は、同程度の隙間が存在するひび割れと同様に考えるとよい。なお、ひび割れのようには伸縮はしないと考えてよい。コールドジョイントはその発生メカニズムから平面的に連続していると考えられるため、劣化因子の浸入だけでなく、漏水の原因となりやすい。従って、ポリマーセメントペーストなどの注入工法の採用が望ましい。

コールドジョイントの補修方法の例を下に示す。

●コールドジョイントの補修方法の例

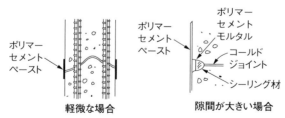

軽微な場合　　　　隙間が大きい場合

空洞

●用語の説明

空洞は、打ち込みが困難な配筋、型枠の状態で、コンクリートが充填されていない箇所が内部にできた状態をいう。内部欠陥の一種である。プレストレストコンクリート構造物のダクト（シース）内の注入不良として空洞ができる場合もある。空洞は、鋼材の腐食、漏水の原因となる可能性が高く、これを生じさせないような施工面での配慮が必要である。

●発生のメカニズム

空洞は、型枠中にコンクリートを充填する際に、鉄筋間を流動せずに生じる場合や、材料の流動性や分離抵抗性が不適切な場合に生じやすい。その発生メカニズムは、豆板と類似している（「1 豆板」、12ページ参照）。

●調査方法

空洞は表面からは目視できない場合が多く、赤外線による調査、X線透過撮影法による調査、電磁波レーダー法による調査などが用いられる。

一般的には表面に豆板ができることにより、内部の空洞の発生が懸念されることから全体の調査が行われる。

サーモグラフィー法では、空洞の影響で温度に違いが生じることで把握できる。この方法は、建物の仕上げ材やタイルの浮きを調査する場合に採用されることが多い（右上の写真参照）。

弾性波による方法としては、右ページ上の図に示すように空洞の存在を弾性波の伝播状態の違いから把握できる（「63 弾

サーモグラフィー法による内部空洞の調査結果（3ページ参照）

●内部欠陥の概念

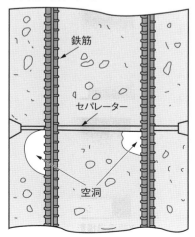

鉄筋

セパレーター

空洞

性波法」、140ページ参照)。

電磁波レーダー法では、コンクリート内部の異物を把握することができ、空洞もその一つとして調査が可能である(「55 電磁波レーダー法」、124ページ参照)。

また、下の写真に示すように、X線透過撮影法により内部空洞を調査することも可能である(「56 X線透過撮影法」、126ページ参照)。

ただし、いずれの方法においても適用範囲があるので、注意が必要である。

●弾性波による空洞の調査方法

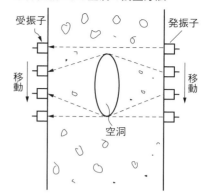

◉防止対策

豆板の防止対策と同様、コンクリートの流動性を高め、かつ分離抵抗性の高い配合(調合)とすることが必要である。そのためには、水セメント比が小さい方が望ましいが、不要に単位セメント量を増加させると、温度ひび割れの発生が懸念される。従って、適切な微粉量が含まれる細骨材など、材料の選定が重要となる。

◉補修方法

内部に空洞が見つかると、その空洞が構造物の耐久性にどのような影響を及ぼすかを評価し、必要であれば空洞までコンクリートをはつり取り、修復する方法が採用される。空洞に外部から注入する方法も可能性としてはあるが、確実に注入する方法とすることが必要である。

X線撮影

シース内確認

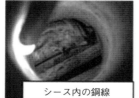
シース内の鋼線

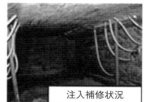
注入補修状況

X線透過撮影法により空洞を調査・補修している例

砂すじ

●用語の説明

　砂すじは、せき板に接するコンクリート表面において、セメントペーストやコンクリート中の余剰な水分が分離して外部に流れ出す場合に生じ、細骨材が縞状に露出したものである。コンクリート部材に生じる不具合の一種で材料分離が原因となって発生する。ブリーディングの多いコンクリートに生じやすい。

●発生のメカニズム

　砂すじは、型枠の継ぎ目や隙間などからペースト分が型枠の外へ漏れ出す場合に生じる。また、プラスティシティーの小さい軟練りコンクリートを使用した場合、型枠面に沿ってブリーディング水が上昇する際に、セメントペースト分が洗い流されて生じる。

　セメントペーストの漏れが生じた箇所のコンクリート表面は、細骨材だけが残って、砂すじとなる。

●砂すじ発生のメカニズム
（せき板の表面、型枠の継ぎ目）

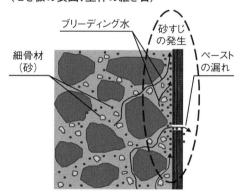

●発生しやすい条件

(1) 単位セメント量が過少となる貧配合コンクリートは、セメントペーストの分離が生じやすい。また、コンクリートの凝結時間が遅延する場合に生じやすい。
(2) コンクリートの打ち上がり速度が早いと、側圧により加圧脱水が促進されて発生しやすい。
(3) ブリーディングの多いコンクリートの浮き水を取り除かないで打ち込みを継続した場合や、軟練りコンクリートを過度に締め固めた場合に生じやすい。
(4) 水密性を確保しにくい型枠の継ぎ目部は、セメントペーストが漏れて発生しやすい。

●防止対策

　砂すじは、コンクリートの種類、部材の形状や位置、型枠の形状、打ち込みや締め固めの方法などによって発生の程度が異なる。従って、砂すじの防止対策は、使用材料や配合

18

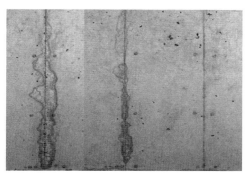

型枠の継ぎ目部に発生した砂すじの様子

ブリーディングの発生により生じたコンクリート表面の砂すじ

（調合）だけでなく、コンクリートの工事に関与する項目も考慮する必要がある。

(1) ブリーディングが少なく、ワーカビリティーの良好なコンクリートを使用する。硬練りコンクリートの方が発生が抑制される。

(2) 粒度分布が適切な細骨材を使用する。特に、微粒分が過少な場合は、それを補う対策を行う。

(3) 過剰とならない範囲で、締め固めを十分に行う。

(4) コンクリートの打ち上がり速度を遅くする。

(5) 型枠は、セメントペーストの漏れを防止し、水密性が高く、堅固なものを使用する。

(6) 砂すじの発生が著しい場合は、せき板の種類を変更し、型枠の精度を管理する。

(7) 透水型枠を使用する。

◉補修方法

　砂すじは、打ち放し仕上げや、コンクリート二次製品では美観上、問題となることがある。

　補修は、ワイヤブラシで砂すじ部分とその近傍を健全な部分までけれんする。その後、けれんした面にプライマーを塗布するか、湿潤状態とした後、ポリマーセメントペーストなどを均一に塗布して養生する。補修跡が目立たないように、色合わせも考慮する。

関連する用語
材料分離：フレッシュコンクリートを構成する各材料が、当初の均一な状態から変化する現象
ブリーディング：フレッシュコンクリート中において、密度の最も小さい水が分離・上昇する現象
プラスティシティー：容易に型に収まり、型を取り去ったときにゆっくり変形する性質
軟練りコンクリート：スランプが大きい（軟らかい）コンクリート
貧配合：一般のコンクリートと比べて、セメントの使用が相対的に少ない配合
けれん：コンクリート表層部分をそぎ落とす作業

表面気泡

●用語の説明

　コンクリートの表面にできた気泡は、美観を損なうことから不具合に類する。しかし、コンクリート中の微細気泡は、凍結融解の繰り返しに対する抵抗性の向上に有効とされている。従って、コンクリート表面にできる気泡でも小さな径のものはむしろ必要である。

　一方、不具合とみなされる気泡は、コンクリート表面にできる大きな気泡である。この不具合は「あばた」と呼ばれることもあるが、日本建築学会や土木学会の規準類には「表面気泡」と記載されている。

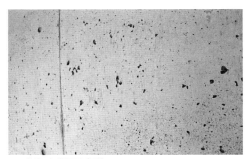

コンクリート表面の気泡

●発生のメカニズム

　コンクリートには、製造時に微細気泡が連行される場合が多い。微細気泡は、凍結融解の繰り返しに対する抵抗性を向上させるだけでなく、コンクリートの流動性を向上させる効果があり、同等の流動性を目標とした場合には、微細気泡を連行すると単位水量を低減できる効果が期待できる。そのため、レディーミクストコンクリートには、一般的に目標値として4.5±1.5%、つまり3〜6%の気泡が入れられる。

　コンクリート中の気泡には、混和剤で連行された微細気泡のほかに、練り混ぜ時や打ち込み時に巻き込まれる気泡も存在するが、巻き込まれた気泡の径は大きい。このような気泡はコンクリート材料の中で最も軽いため、振動機などで締め固める際に浮上する。しかし、上面から抜け出せず、型枠に付着した気泡が脱枠後に表面気泡となる。また、斜面の型枠面では気泡が抜けにくいため、表面気泡が残りやすい。

●表面気泡ができる概念

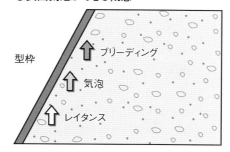

型枠

ブリーディング

気泡

レイタンス

◉調査方法

　表面気泡は外観上の不具合なので、目視で判定される。写真見本などで表面気泡の許容される範囲をあらかじめ定めておくことが望ましい。

◉防止対策

　表面気泡が生じない施工方法としては、打ち上がり速度を遅くして気泡を排出しながら打ち込む方法と、振動締め固めと同時に型枠をたたいて打ち上げていく方法、型枠際の気泡をスペーディングによって除去する方法がある。

表面気泡を除去する装置と施工状況

◉補修対策

　表面気泡が不具合か否かの客観的な評価方法がないため、主観的に不具合とみなされる場合が多いが、前述の通り小さな気泡は必要である。従って、気泡を連行させる以上、表面に気泡ができることをある程度は許容する必要がある。気泡の存在が耐久性に影響を及ぼす程度は小さいが、劣化因子の浸入が早まる可能性もあるため、大きな気泡はセメントペーストなどで補修をするとよい。ただし、補修跡が残れば美観を損なうことになるので注意が必要である。

汚れ

◉用語の説明

　コンクリートを汚す原因には様々なものがある。施工直後から生じる色むらだけでなく、経年変化によるコンクリート表面の変色(汚れ)は外観を損ねるため、補修を求められる場合が多い。経年変化に伴う汚れには、内部の鉄筋が腐食して錆汁が表面に出てきたもの、コンクリート表面のカビ、コケ、雨だれの跡、さらには落書きなどもこれに類する。

　コンクリート表面の汚れの例を下の写真に示す。

橋脚の雨だれによる汚れ

コンクリート表面の汚れ、色むら

●発生のメカニズム

　コンクリートの表面に生じる褐色の汚れは、骨材の有機物による場合や、水酸化鉄のさびに起因する場合などがある。骨材に黄鉄鉱が含まれると、硫酸カルシウムと水酸化鉄に変化し、黒さびや赤さびとなってコンクリート表面を褐色にする。

　さび汁は、鉄筋コンクリート構造物の内部に存在する鉄筋が、塩化物イオンの浸入や中性化により腐食し、そこに外部から浸透した水が通過することで、コンクリート表面にさびの色が着くことによる汚れである。鉄筋が腐食しただけでは汚れは付かない。

　カビは、コンクリート表面が継続的に湿った状態にある環境で育つ。日の当たらない北側の面や、日中長く日陰になり、表面が乾燥しにくいコンクリート面に発生する。黒っぽい表面となって汚れと認識される。

　コケは、カビと同様の環境に育つ。コンクリートの組織は緻密なようでポーラス（多孔質）な状態なので、環境次第でコケも育ちやすいと考えてよい。ただし、汚れと認識されない場合もある。

　雨だれは、コンクリート表面に雨水が流れた跡である。雨の流れとともにもたらされる汚れの因子で、様々な色になる。さび汁が着く場合、カビが固着する場合、大気中の二酸化炭素が着く場合など、均一のコンクリート表面にならないため、汚れと認識される。

　内部から水が表面に浸出し、コンクリート表面にエフロレッセンスが生じた場合も汚れと見なされる。

●調査方法

　コンクリートの汚れは外観の不具合であり、目視あるいは写真判定によって汚れの程度を評価する。汚れの状態により、おおよその汚れの原因は特定できるが、原因を正確に特定するには、汚れの部分を試料として採取し、顕微鏡観察やX線粉末回折を行って成分を分析する。

●防止対策

　まずは汚れの原因を特定し、汚れを除去する対策を講じる。そして、汚れの除去を済ませたら、再度の汚れを防止するために、汚れの原因となる因子の浸入を阻止する必要がある。なお、多くの汚れは水によってもたらされるため、水の浸入を防ぐことが重要である。

●補修対策

　汚れが生じたら、汚れの生じている表面をけれんし、補修材料で断面を修復し、色合わせを行う。この際、補修材料の色は乾燥すると変化することを考慮しなければならない。補修材料としては、シラン系はっ水剤やフッ素樹脂クリア塗装などがある。

自己収縮

●用語の説明

コンクリートが乾燥したり、周囲の温度が変化したりしない条件下で、セメントの水和の進行に伴って、凝結直後の極初期段階からコンクリートの体積が減少することをコンクリートの自己収縮(Autogenous shrinkage)という。

●従来の見解

コンクリートの硬化過程において、反応前のセメントと水の体積和に比べて水和生成物の体積が減少することは昔から知られていた。しかしながら、この収縮量は一般のコンクリートでは長さ変化にして$50 \sim 100 \times 10^{-6}$程度とされており、乾燥による収縮量と比べて概ね一桁程度小さいため、自己収縮がひび割れ解析や設計で考慮されることはなかった。しかし、水セメント比の極めて低い高強度コンクリートや超高強度コンクリートでは、このような水セメント比の小さなコンクリートでは極めて大きい自己収縮が生じると分かってきた。高強度コンクリートの収縮性状を通常のコンクリートと比較すると図のようになる。

●通常のコンクリートと高強度コンクリートの収縮性状

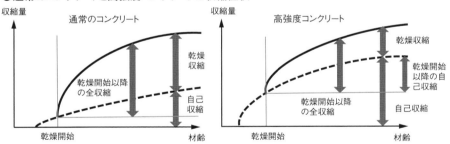

●自己収縮の定義とメカニズム

日本コンクリート工学協会に設置された自己収縮研究委員会(1995 ~ 1996、委員長 田澤栄一広島大学教授(当時))では、自己収縮を「セメント系材料において、セメントの水和により凝結始発以降に巨視的に生じる体積減少」と定義し、「物質の侵入や逸散、温度変化、外力や外部拘束に起因する体積変化は含まれない」としている。

セメントの水和が進行してくると変形に対する抵抗性が生じてくるため、水和に伴う収縮による変形を生じることができなくなり、内部に間隙を形成して体積減少を補おうとする。こ

の時、内部の水は大きな空隙から小さな空隙へと移動するため、大きな空隙から一種の乾燥状態となる。このような乾燥状態を自己乾燥(Self desiccation)と呼ぶ。この自己乾燥により毛細管空隙にメニスカスが形成され、毛細管張力により自己収縮が生じるといわれている。

◉自己収縮に影響を及ぼす要因

　コンクリートの自己収縮には、水結合材比や単位結合材量などの配合(調合)、セメント・混和剤・骨材などの材料、温度などが影響する。

　水結合材比は小さくなるほど、単位結合材量が多くなるほど、自己収縮は大きくなる。低水結合材比で自己収縮が大きくなるのは、相対湿度の低下量が大きくなることに加え、組織が緻密化するため、細孔構造が微細化、メニスカス半径が小さくなり、毛細管張力が増加するためと言われている。

　セメントの種類としては、鉱物組成からその影響を整理することができるが、低発熱型のセメントほど自己収縮量は小さくなる。これは、アルミネート層の含有量が大きいセメントで自己収縮が大きくなるためである。またシリカフュームを用いて、低水結合材比とした場合には、自己収縮は大きくなる。高炉スラグ微粉末では、置換率が大きいほど、粉末度が高いほど、自己収縮は大きくなる。フライアッシュ、石灰石微粉末、収縮低減剤などを適切に利用すれば、自己収縮は減少する。

　また自己収縮は、高温で大きく、低温で小さくなる傾向にある。

◉自己収縮の測定方法

　自己収縮量はテフロンシートなどで縁切りした型枠を用いて、作製した供試体の中に埋込型ひずみ計を埋め込んで、長さ変化率として測定する。脱型後は、アルミテープなどで厳重にシールして、コンクリート表面からの水の逸散を防止した上で、恒温室内に保管する。

●自己収縮量の測定方法例

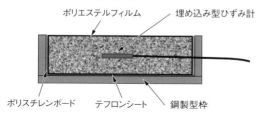

乾燥収縮ひび割れ

◉用語の説明

　コンクリートは、乾燥収縮、温度変化、自己収縮、水和収縮などで収縮する性質を持つ。このような収縮が既設構造物や既設部材、部材の内部の鉄筋などにより拘束されて生じたひび割れを収縮ひび割れと呼ぶ。このうち、乾燥によって生じるひび割れを乾燥収縮ひび割れと呼ぶ。

◉発生のメカニズム

　コンクリートが収縮し、その収縮が拘束されることにより生じる引張応力に部材が耐えられなくなって生じるひび割れの概念を右に示す。

　コンクリートが収縮すると、部材は短くなる。自由に収縮すれば応力は生じない。ところが、実構造物では部位や材料の違いから収縮の大きさが異なり、収縮の大

◉収縮ひび割れの発生メカニズム

(a)　両端が拘束された状態で打ち込む

(b)　自由収縮　拘束がない場合の収縮

(c)　両端拘束により(b)の状態から(c)の長さまで引張力が生じる(伸び能力を超えるとひび割れが発生する)

きい箇所は小さい箇所の拘束を受ける。このとき、大きな収縮を生じた部材が収縮の小さい部材や収縮する部材の内部の鋼材により拘束を受けるとひび割れが生じる。

◉調査方法

　ひび割れの調査は、その原因を追究することと、補修の要否の判断のために行われる。原因を特定することで、そのひび割れが進行性のものか、伸縮するものか、進展するものかを判断し、適切な補修の対策を考えることになる。乾燥収縮ひび割れは、乾燥が継続する環境では進展することになる。

◉防止対策

　収縮ひび割れの防止対策には、収縮を小さくする方法と拘束を小さくする方法がある。コンクリートが収縮する要因としては、セメントの水和反応に伴う自己収縮(水和収縮)があり、単位セメント量を低減すると収縮も小さくなる。また、セメントの種類によっても異なり、右ページ上の図に示すように、中庸熱ポルトランドセメントや低熱ポルトランドセメントの使用は収縮を低減できる。

最も大きな収縮が生じる要因は、コンクリートの乾燥収縮である。乾燥収縮量を低減するには、単位水量の小さい配合（調合）とすることと、乾燥収縮の小さい骨材の使用が効果的である。下の図に、全国で実際に使用されているコンクリートの乾燥収縮率のデータを示す。

コンクリートの乾燥収縮率は、100×100×400mmの供試体を7日間水中養生した後に基長を測定し、温度20±2℃、湿度60±5%の環境下に静置して長さ変化率を測定して得られる。この長さ変化率が8×10⁻⁴（800μ）以下であると、大き

●セメントの種類と自己収縮

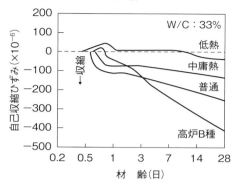

コンクリートは硬化初期から収縮が始まり、収縮の大きさはセメントの種類によっても異なる

なひび割れが生じる確率が低いとされている。これは、実部材が供試体ほどの乾燥環境にさらされることは少なく、半分程度の乾燥収縮率(400μ程度)とみなされ、さらに拘束条件も完全拘束ではなく拘束度が0.5程度とすれば、拘束によるひずみは200μ程度とみなされ、コンクリートの伸び能力（クリープを考慮）に近い値になるためである。

●コンクリートの単位水量と乾燥収縮率

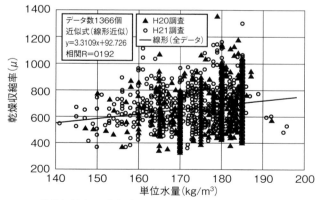

コンクリートの乾燥収縮率は、単位水量だけでなく、使用する材料によっても大きく異なる

◉補修方法

収縮ひび割れの補修方法は、一般的には低粘性のエポキシ樹脂などのひび割れ補修材料が選定され、低圧で注入される工法が用いられる（「108 注入工法」、234ページ参照）。

乾燥収縮が長期間にわたり継続される場合が多いので、補修はひび割れ幅がそれ以上拡大しない時期が望ましく、かつひび割れ幅が最も開くとされる冬季に行うとよい。

温度ひび割れ

●用語の説明

温度ひび割れとは、温度変化により生じるひび割れを意味する。温度変化が生じる要因としては、外気温の変化とセメントの水和発熱が挙げられる。構造物の温度変化による構造物の伸縮は建物の屋上が日射などにより暖められる場合や冬季に降雪などで冷却された場合がある。一般的には、水和発熱による温度ひび割れを意味する場合が多い。

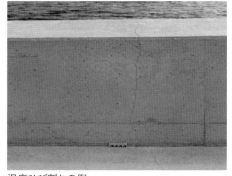

温度ひび割れの例

●温度ひび割れの発生メカニズム

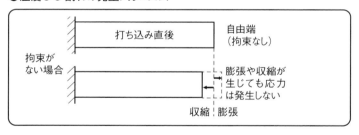

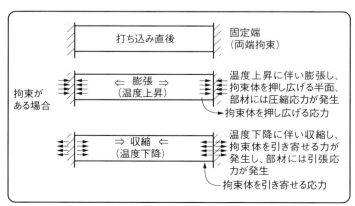

◉水和発熱に伴う温度ひび割れの発生メカニズム

　コンクリートは温度変化で伸縮する。その伸縮量は、熱膨張係数により、一般的には10×10^{-6}/℃程度とされている。つまり、コンクリート温度が10℃上昇あるいは下降すると、100×10^{-6}だけ伸縮する。

　例えば、10mの長さの構造物であれば、1mmの伸縮量となる。この伸縮を外部の構造物で拘束すると、伸縮をさせない応力が生じ、ヤング係数が大きいとそれだけ大きな応力となる。コンクリートは引張強度が小さいため、圧縮側の応力に対しては十分抵抗できるが、引張応力に対しては抵抗できず、ひび割れが生じることになる。

　水和発熱による温度ひび割れは、セメントの水和発熱による温度上昇に伴う膨張と、上昇した温度が外気温に近付くときの温度低下に伴う収縮が拘束されることにより生じる。

　左ページの図は、温度ひび割れの発生概念を図化したものである。

◉調査方法

　温度ひび割れの調査方法は、ひび割れの発生パターンが分かるように分布状態を図化し、ひび割れ幅を測定して明記する。

　温度ひび割れは、温度変化に伴う温度伸縮を拘束されることで生じるため、拘束体にほぼ直角方向に生じる。例えば、底版に下端を拘束される壁状構造物では、壁を分断するように数メートルピッチで貫通するひび割れが生じ、ひび割れ発生パターンから原因を絞り込める。

◉防止対策

　温度ひび割れは水和発熱が主原因である。拘束が小さいと温度応力は大きくはならないが、構造物を構築する手順で拘束を小さくすることは困難であるため、水和発熱を小さくするか、内部温度を抑制する手立てを講じる対策が現実的である。

　水和発熱を抑制する方法としては、低発熱性のセメントを使用する方法と、単位セメント量を低減する方法がある。単位セメント量を低減するには、単位水量の低減を行うことが間接的に単位セメント量の低減につながる。なお、温度ひび割れの抑制対策には、材料・配合(調合)面のほか、設計・施工で対応できる場合も多い。

◉補修方法

　温度ひび割れは温度変化により生じるため、コンクリート温度の変化がなければひび割れ幅の変化も生じない。したがって、ひび割れの補修は、水和発熱がほぼ終了するとみなされる温度が安定した時点で行えばよい。なお、ひび割れ幅は温度応力だけでなく、ほかの収縮要因なども関係するため、補修材料の選定や補修時期は、すべての要因を考慮して行う必要がある。

沈みひび割れ

●用語の説明

コンクリートにブリーディング(浮き水)が生じると、発生したブリーディングによりコンクリート表面は沈下(沈降)する。この沈下量は高さの違いで異なり、例えば、内部の鋼材などの固定された箇所とその周辺で沈下の違いが生じ、凝結過程のコンクリートにひび割れが生じる場合がある。また、高さの違いがある部材を一気に打ち上げると沈下量の違いでひび割れが生じる場合がある。このような沈下により生じるひび割れを沈みひび割れ(沈下ひび割れまたは沈降ひび割れ)と呼ぶ。沈みひび割れの例を下に示す。

沈みひび割れの発生事例

●発生のメカニズム

コンクリートを打ち込んでしばらくするとブリーディング(浮き水)が生じる。ブリーディングは、硬化する前の材料分離であり、材料の中で最も密度の小さい水が硬化前の骨材やモルタルの間を上昇する現象である。このブリーディングは水以外の構成材料の沈下を生

●沈みひび割れの発生メカニズム

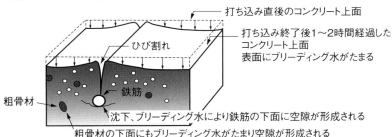

- 打ち込み直後のコンクリート上面
- 打ち込み終了後1〜2時間経過した コンクリート上面 表面にブリーディング水がたまる
- ひび割れ
- 鉄筋
- 粗骨材
- 沈下、ブリーディング水により鉄筋の下面に空隙が形成される
- 粗骨材の下面にもブリーディング水がたまり空隙が形成される

じさせ、局所的な沈下量の違いが沈みひび割れを生じさせる。沈みひび割れの発生概念を左ページ下に示す。また、高さの違いがある場所で生じる沈みひび割れの概念図を右に示す。

●高さの違いがある部材における沈みひび割れの発生概念

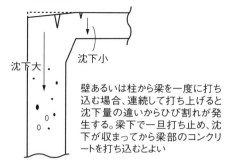

沈下大

沈下小

壁あるいは柱から梁を一度に打ち込む場合、連続して打ち上げると沈下量の違いからひび割れが発生する。梁下で一旦打ち止め、沈下が収まってから梁部のコンクリートを打ち込むとよい

●調査方法

　沈みひび割れは、そのメカニズムから表面のみに生じると考えてよい。ひび割れ深さの調査は、超音波探査により行う（「66 超音波法」、146ページ参照）。

　沈みひび割れは内部の鋼材の存在や高さの違いがある場合に生じるため、ひび割れ発生箇所とひび割れ深さなどから判断できる。なお、原因を沈みひび割れと特定するには、使用したコンクリートのブリーディング量やこて押さえなどの施工の記録を確認することが必要である。

●防止対策

　沈みひび割れは、ブリーディングが多いことで生じるため、まずブリーディングを抑制することが必要である。ブリーディングの発生を抑制するには、使用材料のうち、微粉末を増加させるとよい。例えば、水セメント比が小さいと、一般には単位セメント量が大きくなり、ブリーディングの発生は抑制される。細骨材中の微粉分の率を増加させるのも抑制対策の一つとなる。また、凝結が早まるとブリーディングの生じる時間が短くなり、一つの対策となり得る。

　沈みひび割れに対しては、ブリーディングの発生が少なくなるタイミングで再振動を与えることで沈みひび割れを防止できるとされている。

　高さの違いがある部材においては、例えば梁下で一旦打ち止めるなど、沈下が収まるのを待って打ち重ねる方法が取られる。これは沈下量の違いを考慮した対策である。

●補修方法

　沈みひび割れの補修は、表面だけに発生したひび割れと考え、開いたひび割れにセメント系の充填材を充填する方法あるいは注入する方法が取られる。沈みひび割れは、材齢の経過で進展するとは考えにくいので、型枠を外した後の適当な時期に補修を行ってよい。また、型枠面でセパレーターの下部に隙間ができた場合は、セパレーター下部に連続した隙間が存在している可能性があり、漏水の原因となるため、表面だけの手直しでなく、注入などの工法を選択するとよい。

プラスティック収縮ひび割れ

●用語の説明

　コンクリート中の水分の急速な蒸発により、凝結前のコンクリート表面が乾燥し、内部の
コンクリートとの収縮差から生じる表面ひび割れをプラスティック収縮ひび割れと呼ぶ。表
面だけが乾燥して収縮するため、下に示すような亀甲状のひび割れとなる。

●プラスティック収縮ひび割れの状態

●発生のメカニズムと予防策

　プラスティック収縮ひび割れは、コンクリート表面からの水分の蒸発が、内部から上昇す
るブリーディングによる水分の上昇速度より早いと、コンクリート表面が乾燥し始め、内部は
乾燥していないために表面のひび割れが生じる。従って、プラスティック収縮ひび割れは、
風の強い日や日射の厳しい日に生じやすい。気温、相対湿度、コンクリート温度、風速など
から水分の蒸発速度が予測され、蒸発が速いと判断される場合には、蒸発を防止する施
工面での対策を講じることが必要である。

●プラスティック収縮ひび割れの発生メカニズム

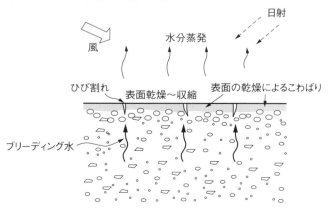

●調査方法

　表面ひび割れであるため、ひび割れパターンを記録し、同時に施工状況の調査を行う。こて仕上げのタイミングなどは一般的に施工記録にないため、担当者へのヒアリングで当時の気象条件や作業時間などを押さえておくことが必要である。また、原因が特定されたとしても、ひび割れがどの程度の深さまで達しているかを超音波測定方法などにより測定する（「66 超音波法」、146ページ参照）。

　プラスティック収縮ひび割れは、その発生メカニズムから考えても表面のみに生じているため、超音波測定により測定することができる。

●BS法によるひび割れ深さ測定の概念

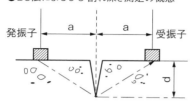

$$d=\sqrt{\left(\frac{V \cdot t}{2}\right)^2 - a^2}$$

d：ひび割れ深さ
a：ひび割れとセンサーの距離
V：コンクリートの弾性波速度
t：発振子から受振子までの弾性波伝播時間

●補修方法

　ひび割れは、表面にのみ生じるため、かぶり部分の劣化因子の浸入を速める可能性が高い。そのため、浸透性の材料を用いて、上面から浸み込ませ、セメント硬化体との反応によりひび割れ部分にゲル状の結晶を形成させる補修材料が選択される場合が多い。

　下の図は表面ひび割れの補修の概念を示したものである。

●表面ひび割れに対する浸透性補修方法の概念

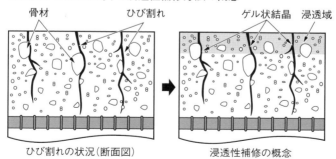

骨材　　ひび割れ　　　　　　　ゲル状結晶　浸透域

ひび割れの状況（断面図）　　　　浸透性補修の概念

浮き、剥離、剥落

●用語の説明

　「浮き」、「剥離」は、かぶり厚さが比較的小さい場合に、鉄筋の腐食膨張やコンクリート成分の中の膨張性材料が内部から圧力を与えることにより生じる。「剥落」は、浮き、剥離の状態が進行し、表面の一部のコンクリート片が落ちた状態を指す。また、タイル仕上げやモルタル仕上げにおいて、仕上げ材が接着不良で躯体から離れる状態についても、「浮き、剥離、剥落」の用語が用いられる。

　コンクリートの浮き、剥離、剥落の状態を下に示す。

コンクリート表面の浮き、剥離、剥落の例

●発生のメカニズム

　コンクリートの浮き、剥離、剥落は、その原因により状態が異なり、ポップアウトも同様の現象であるが、一般的には鉄筋の腐食膨張が原因となる場合が多い。下の図は、鉄筋の腐食による表面ひび割れから剥落に至る過程を概念的に示している。コンクリート内部の鉄筋は強アルカリであるセメント硬化体に守られさびにくいが、塩化物イオンの浸入など

●鉄筋の腐食膨張による劣化過程の概念

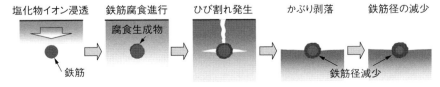

鉄筋の腐食膨張によりコンクリートにひび割れが生じ、コンクリートが剥落した後は、鉄筋はさらにさびやすくなる。腐食膨張した鉄筋は、応力を負担できる断面(径)が減少する

により、長期供用中には腐食し始める場合がある。鉄筋の腐食が進行し、その膨張圧が大きくなると、コンクリートにひび割れが生じる。ひび割れたコンクリートは、保持する鉄筋との付着を失い、ひび割れから浮き、剥離、剥落の段階に進むことになる。なお、かぶり厚さが大きい場合は、浮きや剥離の段階を踏まないでひび割れから剥落に至ることもある。

◉調査方法

　浮き、剥離、剥落ともに、その原因がコンクリート内部の膨張成分にある。従って、これらの現象が見られたら、コンクリート自体の膨張性を示す材料を調査し、さらに鉄筋の腐食状態を調べる。コンクリート自体の膨張性が主原因の場合は、通常ひび割れにはならず、局部的なポップアウトなどが見られる。ひび割れが生じて浮き、剥離が生じた場合は、鉄筋の腐食が疑われるため、ひび割れの発生箇所と鉄筋の配置状態を照合する。そのうえ、浮き、剥離の進行状態を把握するため、鉄筋の腐食状態を調査する。剥落に至った状態では、通常は腐食した鉄筋が表面に現れている。

◉防止対策

　浮き、剥離、剥落は、劣化因子の浸入による鉄筋腐食が原因となる場合が多く、正しい耐久設計で防止することができる。つまり、劣化因子が浸入する速度を遅くするためのコンクリートの品質とかぶり厚さの関係から、これらの不具合を防ぐことができる。ただし、コンクリートの品質管理や施工管理を怠ると、かぶり不足や表面の品質不良が生じ、浮き、剥離、剥落の原因となることもあるので注意を要する。

◉補修方法

　浮き、剥離、剥落が生じた場合は、浮きの段階であれ、その部分を健全部まではつり取り、部分的な断面修復を行う。鉄筋の腐食が原因の場合は、腐食した鉄筋を交換し、内部の腐食因子の拡散を防止したうえで、断面修復を行う方法が取られる。この場合は、マクロセル腐食に対する考慮が必要である。

●鉄筋が腐食している場合の断面修復

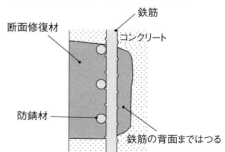

エフロレッセンス

●用語の説明

　エフロレッセンス(Efflorescence)は、白華とも呼ばれ、レンガの表面などに析出する白色の結晶物を指すが、日本コンクリート工学会の炭酸化研究委員会報告書では、カルシウム塩の析出を「エフロレッセンス」、アルカリ塩の析出を白華と区別している。一般的には、コンクリート中の可溶性成分が水分の移動に伴ってコンクリート表面に移動し、空気中の二酸化炭素などを吸収することによって析出すること、あるいは析出したものを言う。コンクリート表面で固化して結晶化し、垂れ下がる場合はつらら状になる。

　下にエフロレッセンスの発生事例を示す。トンネルなどのひび割れから漏水が生じ、ひび割れに沿って析出した白色あるいは明褐色の結晶はエフロレッセンスとされる。

エフロレッセンスの例

●エフロレッセンスの発生メカニズム

　エフロレッセンスは、コンクリート内部の水が表面に移動してできる場合と外部からの水が浸透してできる場合に大別することができる。右ページ上の図は、エフロレッセンスの発生メカニズムを示したものである。コンクリート中の水分がコンクリート表面で蒸発することにより生成される場合と、雨水や地下水などがコンクリート中の空隙やひび割れなどを通過する場合に、通過後の表面で結晶化することがある。エフロレッセンスの組成は、セメントの水和反応をした際に主として生じる水酸化カルシウム($Ca(OH)_2$)が、空気中の二酸化炭素(CO_2)と反応してできる炭酸カルシウム($CaCO_3$)である。

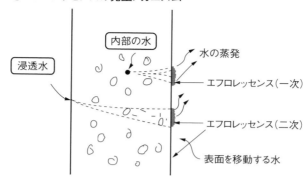

●エフロレッセンスの発生メカニズム

内部の水

浸透水

水の蒸発

エフロレッセンス（一次）

エフロレッセンス（二次）

表面を移動する水

●調査方法

　エフロレッセンスは、コンクリート表面に形成される。主として美観(汚れ)上の問題となるので、調査は写真による方法が適切である。なお、汚れの調査では、その形状、面積を測定し、同時に変色の状態も記録する。

●防止対策

　エフロレッセンスは、コンクリート表面からの水分の蒸発に伴い生じるため、緻密な組織とすることが必要である。また、水分の移動に伴う可溶成分の析出物により生じるエフロレッセンスに対しては、コンクリート自体を緻密にすることだけでなく、貫通ひび割れやコールドジョイントをつくらない施工計画と施工管理が重要となる。

●補修方法

　エフロレッセンスは、それ自体が構造安全性に対して影響することはないが、エフロレッセンスが水の移動に伴って生じることを考えると、ひび割れ、コールドジョイント、あるいは水分移動をしやすい組織と見なされる。美観上の問題が生じる場合があるが、析出物は有害物ではなく、通常は構造上の問題になることはない。しかし、エフロレッセンスが生じる場合、内部からの水分移動によって可溶性の成分が外部に運ばれていることから、コールドジョイントやひび割れなどの不具合が起因している場合が多い。

　構造物の要求性能において、例えばトンネル内部などのように美観上の問題がなければ、補修を行わないのが一般的であるが、美観上の問題がある場合は、コールドジョイントやひび割れからの漏水を止めることが先決である。

ポップアウト

●用語の説明

　ポップアウト(Pop-out)とは、コンクリート表面が局所的に飛び出すように剥離する現象をいう。通常は、局所的な膨張が生じて、表面のコンクリートが皿状に剥落する。剥落の大きさは膨張の原因により異なる。

ポップアウトを生じたブロックの擁壁

●発生のメカニズム

　コンクリート材料に含まれる材料の一部が膨張し、その膨張によってコンクリート表面が剥落する。膨張の原因となる材料は、骨材に含まれる粘土鉱物、アルカリシリカ反応を生じた骨材、凍結による吸水性の高い骨材の氷圧、硫酸塩による劣化、セメントの異常膨張な

●ポップアウトの発生メカニズム

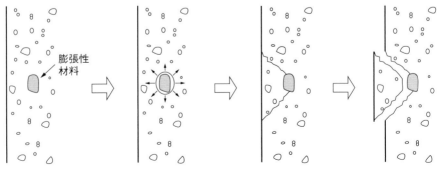

膨張性材料の混入　　　膨張の開始　　　膨張による　　　　ポップアウトの発生
　　　　　　　　　　　　　　　　　　　ひび割れの発生

どがある。

ポップアウトの発生メカニズムを左ページ下に示す。

◉調査方法

ポップアウトが生じるのは、剥落の中心部分に膨張の原因があるからだと考えられる。そのため、原因の調査では、膨張している材料を特定する必要があり、目視観察のほか、粉末X線回折による方法、化学分析などを実施する。これらの膨張性を示す材料は、多くの場合、コンクリートの製造中に混入したとみなされるため、原材料の搬入経路の追跡調査なども必要となる。

過去に、高温で処理されていない溶融スラグが混入された事件があったが、不適切な材料の混入の可能性も視野に入れなければならない。

◉補修方法

ポップアウトはコンクリート表面だけに生じるが、その原因となる膨張性材料は、コンクリートの内部にも存在する可能性が高い。コンクリートの表面でひび割れが生じるのは、膨張力に対する抵抗が弱いためであり、膨張力が大きくなると、ポップアウトは大きくなり、さらにはひび割れが生じる場合もある。従って、ポップアウトが生じたコンクリートはその後の膨張を予測し、さらに膨張が継続して生じる可能性が高い場合は、打ち直しなどの方法も検討しなければならない。

表面だけを美観上補修する方法もあるが、引き続いてポップアウトが生じる場合があり、点検を怠らないことも重要である。

◉生石灰を含む溶融スラグを骨材として用いたコンクリートのポップアウト

過去に、施工後間もなくコンクリート表面に多数のポップアウトが生じたことがある。主な原因は、溶融スラグ骨材中に存在していた生石灰が消石灰となった可能性が指摘された。生石灰が消石灰になる反応は体積が約2倍に膨張するため、その骨材が存在すると膨張に伴ってポップアウトが生じる可能性が高い。

溶融スラグ骨材のコンクリート製品への利用は、JIS A 5364（2004年改正）が示されて以来、各都道府県でも推進されているが、建築用のPCa製品とレディーミクストコンクリートへの使用は現時点では認められていない。

スケーリング

●用語の説明

　スケーリングとは、コンクリート表面の剥離状態を示す。主として、コンクリートが凍結融解作用を受けて、組織が緩んだ結果として、コンクリート表面のモルタル部分が次第に剥落する現象をいう。

●発生のメカニズム

　凍結融解作用を受けると、コンクリートは凍結時に膨張作用、融解時にはその圧力の解放を受け、その繰り返しによって次第に組織が緩むことになる。このとき、コンクリート表面は組織の緩みを拘束される状態にないため、ペースト分が剥落し、骨材がむき出しの状態になる。下の図は、凍結融解作用を受けるコンクリート構造物の劣化過程を示したものであるが、スケーリングは初期の段階で生じ、劣化が進展していくと構造物自体の性能も低下する。

●凍結融解作用による劣化過程とスケーリング

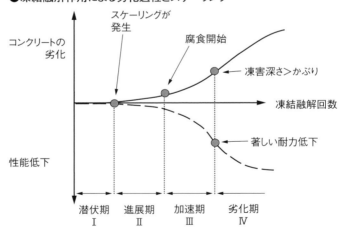

●調査方法

　スケーリングは、凍害の初期の段階で表面に生じるため、目視で観察できる。写真などに記録し、進行の度合いを把握しておくと、その後の凍害の進展を推定することができる。初期の表面の位置が明確であれば、スケーリング深さを目安にする方法もある。定量的に

測定できるが、骨材の存在で凸凹が生じるため、面積での評価の方が凍害の評価としては把握しやすい。なお、凍害以外でも摩耗による表面剥離が生じる場合があり、要因を区別しておく必要がある。

●防止対策

スケーリングは凍結融解作用により生じるため、耐凍害性を向上させることが必要である。そのためには、コンクリート中に微細気泡を連行させるのが一般的である。通常、レディーミクストコンクリートには、空気量が3〜6％混入されるが、この程度の空気量を連行すれば、耐凍害性に有効な微細気泡が含まれていると考えてよい（「5　表面気泡」、20ページ参照、「22　凍害（凍結融解作用による劣化）」、56ページ参照）。

270サイクル
B6-16. 17. 18
w/c：50. Air：5. 6

凍結融解試験後の供試体の表面状態（スケーリング）

●補修方法

スケーリングはコンクリート表面の剥離であるので、スケーリングを生じた箇所を取り除いて、断面を修復する必要がある。しかし、もともと耐凍害性が小さいと考えられるため、スケーリングを生じた場合は、そのロットで製造されたコンクリートを点検し、二次製品などは取り換えることが望ましい。

スケーリングを生じたコンクリート構造物の例

せん断ひび割れ・せん断破壊

◉用語の説明

　鉄筋コンクリート梁にせん断力が作用すると、せん断ひび割れが生じる場合がある。下の図は、せん断ひび割れの概念で、これが梁に生じないようにせん断補強筋を配置する。また、屋上に日射が当たって温度上昇すると、拘束された下層部の影響によって、せん断ひび割れが生じる場合もある(右ページの図)。

　せん断破壊とは、地震時にせん断力が作用し、柱や壁がせん断力に伴う力に耐えきれず、破壊する現象である。

●せん断ひび割れの発生概念

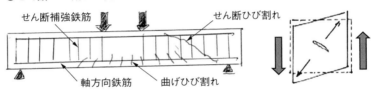

せん断補強鉄筋　　　　　　　　　　　せん断ひび割れ

軸方向鉄筋　　　曲げひび割れ

◉せん断破壊の発生のメカニズム

　建築物の外壁では、下の写真に示すようなX字状のせん断破壊が生じ、土木構造物では、ラーメン構造において柱部にせん断破壊が生じる事例(下の図)が多い。これらの現象は地震力に耐え得るだけの補強鉄筋が入っていない場合に生じる。

　せん断破壊は、外力が左右交互に作用して生じる場合が多く、それを防ぐために帯鉄筋やスターラップが多く配置される。

建築物のせん断破壊の例

●ラーメン構造の柱のせん断破壊の例

●調査方法

ひび割れの形態はいろいろあるが、外力によって生じるひび割れは、力の生じる要因を追求することで把握できる。収縮によるひび割れや、施工時のひび割れが生じる可能性がない場合は、力の発生する原因を探って調査するとよい。

たとえば、屋上に日射が当たって温度上昇が生じると、熱により膨張するが、下層階ではそれを拘束し、下図に示すような方向の力により、せん断力が作用してひび割れが生じる。

●屋上の熱による膨張を拘束されて生じるひび割れ

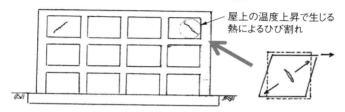

屋上の温度上昇で生じる
熱によるひび割れ

●防止対策

せん断ひび割れは外力によって生じるため、一般に設計時に考慮して、せん断補強鉄筋を増やせば防止できる。耐震設計が十分に考慮されていない時期の設計では、過大な地震でひび割れが生じたり、破壊することもある。

大地震の発生に伴って設計法が変更されてきたので、既存の基準に適合しない構造物も数多く存在する。

●補強方法

耐震補強方法としては、梁の場合はせん断補強鉄筋としてスターラップの間隔を密にし、柱の場合は帯鉄筋を密に配置することが必要である。これらの行為は、耐震設計基準が変更されるたびに行われているが、基準の制定前に施工された構造物では、耐震補強工事が実施されている。

耐震補強工事の事例を下の写真に示す。

耐震補強された構造物の事例

変形(たわみ、傾斜)

◉用語の説明

　構造物に何らかの力が作用すると、その力に応じて伸縮、曲げ、せん断、ねじれなどの変形が生じる。力が作用しなくても、コンクリート自体の収縮や温度変化でも変形が生じる。変形とは、構造物あるいは部材のたわみ、沈下、移動などの現象を指す。

ピサの斜塔

◉外力の作用による変形

　構造物に生じる力には、載荷荷重の増大、構造物の耐力不足、地震の影響などのほか、地盤の沈下や移動に伴う変形させる力、支持力の不足などがある。このような外力により変形した事例を右の写真と下の図に示す。

　地盤の変状としては、粘土地盤などの圧密沈下、地下水のくみ上げによる影響などが考えられる。また、落石や雪崩、地すべりなども過大な変形を生じる要因である。

　下の図の(1)は、支保工の取り外し時期が早過ぎたことが原因と考えられ、コンクリートの

●構造物の変形の事例

(1)

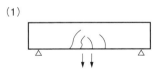

型枠支保工の沈下

(2)

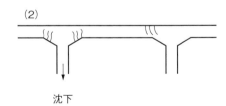

沈下

(3)

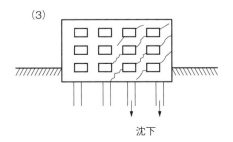

沈下

(4)

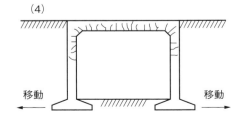

移動　　　移動

強度が十分に発現するまでの期間、養生が必要である。(2)は、支点の一部が沈下したことによる影響でひび割れが生じた例である。(3)は、建物の基礎の不等(不同)沈下によるひび割れである。(4)は、門形ラーメン構造のフーチングが水平移動し、上スラブにひび割れが生じた事例である。

◉収縮による変形

コンクリートの伸縮が変形を生じる場合がある。「8 乾燥収縮ひび割れ」(26ページ参照)や「9 温度ひび割れ」(28ページ参照)で示したように、収縮を拘束するとひび割れが生じる。これらのひび割れは、コンクリート構造物が変形したために生じるひび割れとは異なり、外力の影響ではない。

ひび割れが生じた場合は、それが外力によるものか、コンクリート自体の収縮によるものかを特定する必要がある。一般的には、ひび割れのパターンから判断できる。

◉振動障害とたわみ

一般に、建築物に生じる振動は、床スラブの大きなたわみを生じる場合がある。これを振動障害と呼ぶ。振動の影響が考えられる構造物の場合は、固有振動数の初期値を測定しておき、経年劣化による固有振動数の変化を測定することで劣化の進行を予測できる。

固有振動数の測定の状況を下の図に示す。

●固有振動数の測定状況

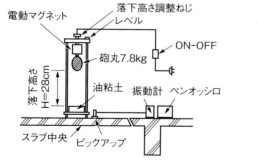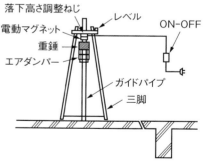

砲丸や重錘の落下エネルギーにより、床版の固有振動数を測定し、相対的に劣化の進行を推定することができる

2

劣化
に関する用語

キーワード
18

中性化(炭酸化)

◉用語の説明

中性化は、大気中の二酸化炭素がコンクリート内に浸入し、炭酸化反応を引き起こすことにより、本来アルカリ性である細孔溶液のpHを下げる現象である。

中性化によるかぶりコンクリートの剥離

●中性化の劣化進行過程

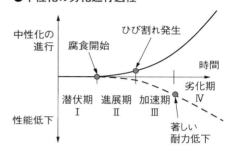

◉発生のメカニズム

中性化はコンクリート表面より進行し、鉄筋などの鋼材位置に達すると、不動態皮膜を破壊する。これにより鋼材を腐食させ、腐食生成物の体積が膨張することで、コンクリートのひび割れ・剥離を引き起こし、耐荷力など構造物の性能低下が生じる。

また、ひび割れが発生したコンクリートはさらに二酸化炭素の浸入を促すため、鉄筋の腐食を加速させる。そのほか、湿潤状態より乾燥状態の方が、一般に中性化の進行は速い。ただし、中性化してもコンクリート自体の強度が低下するわけではないので、無筋コンクリートの場合は問題にならない。中性化速度はセメント硬化体の空隙構造に依存する。

◉調査方法

調査方法には、フェノールフタレイン法(「47 中性化深さ」、108ページ参照)、示差熱重量分析、X線回折を用いる方法などがある。

(1)調査上のポイント:中性化を促進・抑制する条件の整理

・水結合材が小さいほど　遅い

・普通ポルトランドセメントより高炉B種セメン

●中性化のメカニズム

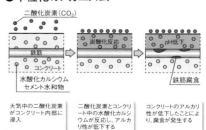

大気中の二酸化炭素がコンクリート内部に浸入

二酸化炭素とコンクリート中の水酸化カルシウムが反応し、アルカリ性が低下する

コンクリートのアルカリ性が低下したことにより、腐食が発生する

トが　速い
・混和材としてフライアッシュや高炉スラグなどを用いると　どちらとも言えない
・含水率が大きいほど　遅い　　　　　　・水中　遅い
・室内より屋外が　遅い　　　　　　　　・ひび割れや豆板などの欠陥部の存在　速い
・仕上げがある場合は　遅い　　　　　　・相対湿度40%〜70%の範囲が　速い
・南面・西面より北面・東面が　遅い
(2)中性化現象のポイント
・pHの低下(中性化)による不動態皮膜の消失は、鉄の腐食反応を起こしやすくする補助的な現象で、酸素と水と不動態皮膜の破壊がそろって初めて鉄筋は腐食する。
・通常、鉄筋腐食限界値は、中性化残りを10mmに設定する。
・塩分を含んでいるコンクリートに中性化(「49　中性化残り」、112ページ参照)が発生すると、未中性化部分に塩化物イオンが移動して濃縮され、鉄筋の腐食に影響を及ぼす。

◉防止対策
(1)配合面:コンクリート内部への二酸化炭素の浸入を抑制するために、水セメント比を小さくして緻密性を増加させる。
(2)設計面:中性化が鉄筋位置まで進行しないように適切なかぶりを確保する。
(3)施工面:スペーサーを用いるなど、所定のかぶりを確保するための管理を十分に行うとともに、適切な養生を実施する。

◉補修方法
　使用期間中の場合は、劣化部を除去・修復し、コンクリート表面に被覆材を設け、二酸化炭素の浸入を抑制する。
(1)表面被覆工法:中性化の進行を食い止めるためコンクリート表面の被覆を行う。
(2)断面修復工法:中性化したコンクリートを除去した後、修復する方法。腐食した鉄筋の防錆処理も併せて行う。
(3)再アルカリ化工法:コンクリートに約$1A/m^2$の電流を1週間ほど流し、中性化したコンクリートの再アルカリ化を行う。

関連する用語
不動態皮膜:鋼材表面に酸素が化学吸着した厚さ3nm程度の緻密な酸化物層
防錆処理:コンクリート中のさびた鉄筋の、さび落としを行った後、鉄筋に防錆材を塗布する処理

塩害

◉用語の説明

　塩害とは、塩化物イオンによりコンクリート中の鋼材が腐食することに伴い、腐食生成物の膨張圧でかぶりコンクリートにひび割れや剥離を引き起こしたり、鋼材の断面減少で部材の力学性能を低減させたりする現象である。劣化を誘発する塩化物イオンは、海水や凍結防止剤のように外部環境からコンクリート内部へ供用中に浸透する場合と、コンクリート製造時に除塩不足の海砂などから取り込んでしまう場合がある。

塩害の例

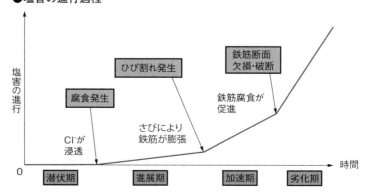

●塩害の進行過程

　さらに、鉄筋周囲の塩化物イオン濃度が1.2〜2.5kg/m³よりも多いと、腐食は発生すると規定されている(「77 可溶性塩化物イオン」、170ページ参照)。なお、この値を腐食発生限

界濃度あるいは発錆限界濃度と呼ぶ。

◉塩化物イオン濃度の調査方法

　採取したコンクリートコアを深さ方向に2cm程度の厚さにスライスした片を用い、あるいはドリルで削孔された際に採取される粉を用い、個々の試料に対する塩化物イオン量を測定し、深さ方向の塩化物イオン濃度分布を調査する。

◉防止対策

　一旦ひび割れが発生すると急激に進行する可能性が高いことから、初期の段階で適切な防止対策を実施することが望ましい。

(1) 配合：コンクリート内部への塩化物イオンの浸透を抑制するために、水セメント比を小さくして密実性を増加させる。

(2) 設計：腐食発生限界濃度以上の塩化物イオンが鉄筋位置まで浸透しないように適切なかぶりを確保する。

(3) 施工：スペーサーを用いるなど、所定のかぶりを確保するための管理を十分に行うとともに、適切な養生を実施する。また、干満帯には、打ち継ぎ目を設けない。

(4) 鉄筋：エポキシ樹脂塗装鉄筋やステンレス筋などの防食鉄筋を用いる。

(5) 防錆剤：亜硝酸リチウムを含浸させ、腐食発生限界濃度を増加させる。

(6) 予防保全：表面被覆工法や表面含浸工法を、新設あるいは短い供用期間の構造物に適用し、外部環境からの塩化物イオンの浸透を抑制する。なお、リスクを軽減する点で、予防保全が適用されるケースがある。

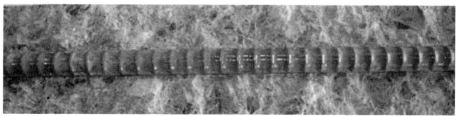

エポキシ樹脂塗装鉄筋

◉補修方法

　潜伏期であれば、腐食発生限界濃度の塩化物イオンが鉄筋位置まで到達する時間を延長させるべく、表面被覆工法や表面含浸工法により補修する。一方、進展期であれば、断面修復工法や脱塩工法あるいは電気防食工法により補修する。

アルカリシリカ反応（ASR）

●用語の意味

　アルカリシリカ反応（ASR）とは、セメント中に含有されるアルカリ（硫酸ナトリウムや硫酸カルシウム）がセメントの水和反応の過程でコンクリートの間隙に水溶液として溶け出し、強アルカリとなり、アルカリシリカ反応性鉱物を含有する骨材（アルカリ反応性骨材）と反応して異常な膨張を生じる現象をいう。アルカリ骨材反応とも呼ばれる。

　アルカリシリカ反応は、下に示すように、コンクリートに大きなひび割れを生じさせる。

アルカリシリカ反応による劣化事例

●発生のメカニズム

　ASRによる異常膨張は、コンクリート中のアルカリと骨材中の反応性鉱物により生じたアルカリシリカゲルが吸水膨張して生じる。反応性骨材の膨張はコンクリートの組織を内部から押し広げようとするため、コンクリート表面に大きなひび割れとなって表われる。

　ASRによるひび割れの発生メカニズムを下に示す。

●ASRによるひび割れ発生のメカニズム

ひび割れ

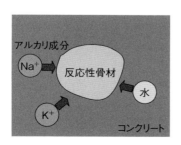

アルカリ成分
Na^+
反応性骨材
水
K^+
コンクリート

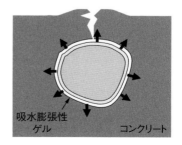

吸水膨張性
ゲル
コンクリート

●調査方法

　ASRの疑いがある構造物の調査項目を下の表に示す。外観からASRの可能性は判断できるが、それを明確にするために、コアによる各種試験が行われる。ASRは吸水膨張を伴うため、水分の供給がある環境で顕著となる。環境調査も必要である。

●ASRの疑いがある構造物の調査項目

	調査項目
外観調査 変状調査	ひび割れ分布、ひび割れの進展、ポップアウト、ゲルの溶出、剥離・剥落、変形、変色、段差、
コアによる 調査	骨材中の反応性鉱物の調査（偏光顕微鏡、X線回折。SEM-EDXAなど） 骨材のアルカリシリカ反応性（化学法、モルタルバー法、促進モルタルバー法、迅速法など） アルカリシリカゲルの分析（化学分析、酢酸ウラニル蛍光法など） アルカリ量（水酸化アルカリ、酸溶性アルカリなど） 力学的性質（圧縮強度、引張強度、ヤング係数、超音波速度など） 残存膨張量（JCI-S-011法、カナダ法、デンマーク法など）

　なお、「84 化学法」（184ページ）、「85 モルタルバー法」（186ページ）、「86 残存膨張」（188ページ）、「88 酢酸ウラニル蛍光法」（192ページ）、「91 偏光顕微鏡」（198ページ）なども参照されたい。

●防止対策

　アルカリシリカ反応の予防としては、以下の方法がある。

(1) 反応抑制効果のある混合セメント（スラグ混合率が40%以上の高炉セメント、フライアッシュ混合率が15%以上のフライアッシュセメント）を用いる。

(2) コンクリート中のアルカリ総量を$3.0kg/m^3$以下とする。

(3) アルカリシリカ反応性試験で無害と判定された骨材を使用する。

　ASRを生じる可能性のある骨材は、全国に存在する。そのため、対策(1)、(2)を優先することが望ましい。(1)、(2)を優先することで時間の掛かる反応性試験を省けるが、(1)、(2)の対策が取れない場合は、(3)の対策を講じる。

●補修方法

　劣化現象として表れるのはひび割れが発見された状態の場合が多い。膨張は吸水によって進展するので、水分の供給がなくなれば膨張も抑制されるが、ひび割れの発見時点で水分の供給を防止しても、内部の水分で膨張は止まらない。従って、発見されるとまず水分の供給を止める措置を施す。その後、ひび割れの進展を測定し、進行が止まった段階で構造安全性を確認し、必要に応じて補修あるいは補強をする。

DEF

●用語の説明

　DEF（Delayed Ettringite Formation）とは、内在硫酸塩によるコンクリートの膨張劣化のこと。また、蒸気養生を行ったセメント・コンクリートにおいて、蒸気養生時に分解されたエトリンガイトが硬化後に再生成し、膨張・ひび割れを引き起こし、セメント硬化体の剛性を低下させる現象のこと。竣工後、数年以上経過して発生することが多い。膨張性のひび割れで、見た目はASRによく似ている（「20 アルカリシリカ反応」、52ページ参照）。

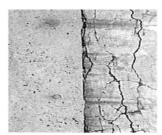

DEFが発生したコンクリート（右）

●発生のメカニズム

　メカニズムはまだ解明されていないが、以下のように想定される。セメントの水和において、セメント中のアルミネート相は、十分な量の石こうが存在する環境で、エトリンガイトを生成する。エトリンガイトは高温で分解し、硫酸イオンを放出する。放出された硫酸イオンは、水酸化カルシウムやC–S–H相などの水和物に吸着され、長期間湿潤状態にあると、水酸化カルシウムやC–S–H相などの水和物から再び放出される。この時に放出された硫酸イオンが反応してエトリンガイトが再生成され、その結果、膨張・ひび割れが発生する。

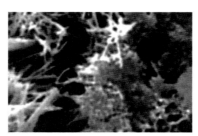

エトリンガイトの結晶

●発生しやすい条件

(1) 最高温度および高温にさらされる総時間は、DEFの発生に大きく関わる。最高温度が70℃以上になるとDEFが生じやすいとの報告もある。下記のような他の劣化要因があると発生しやすいが、高温条件のみでは発生しない。

(2) DEFの進行には水が影響する。構造物が水と接触するか水が流入する条件がある、あるいは高湿度の環境にさらされた場合に、DEFの発生確率が高くなる。

(3) 硫酸塩とアルミネート相は、エトリンガイトの生成の反応メカニズムに直接関係する。従って、硫酸塩とアルミネート相が高含有されている場合は、DEFが発生する可能性がある。

(4) エトリンガイトは、コンクリート中に含まれるアルカリが多いほど、温度条件が高いほど溶解度が上昇するため、DEFの発生確率が高くなる。

●DEFの判定

我が国には、規格化された試験方法や標準となる評価方法がない。そこで、コンクリート構造物に発生したひび割れが、DEFによるものか否かを判定するには、次のような要件を確認し、組み合わせて判断する。

(1) コンクリートの最高温度の予想

(2) コンクリート中のSO_3量、Na_2O量の推定

(3) 電子像によるひび割れの観察

　DEFは、硬化体の全体に幅が一定のひび割れが生じることが多いため、その特徴を観察する。

(4) コンクリートコアによる残存膨張量の確認

　DEFの膨張量はASRに比べて大きいため、判断の目安となる。

●補修方法

　劣化因子がコンクリート部材に内在していることや、コンクリート構造物の置かれた環境条件が、ひび割れを発生させる原因となることが多いので、DEFの現象が生じた場合は取り換えなどを検討する。

関連する用語
ISA：蒸気養生を実施したセメント・コンクリートにおいて、蒸気養生時に分解されたエトリンガイトが硬化後に再生成し、膨張・ひび割れを引き起こし、セメント硬化体の剛性を低下させる現象
DEFひび割れ：硬化後の継続的なエトリンガイトの再生成により引き起こされるコンクリートのひび割れ

凍害(凍結融解作用による劣化)

◉用語の説明

凍害とは、コンクリートが凍結融解作用を受けることにより、組織が脆弱化し、初期の性能を保てない状態となることをいう。

凍害には、内部の組織が脆弱化する場合と、表面から組織が緩んでスケーリング(表面剥離)が生じるパターンがある(「15 スケーリング」、40ページ参照)。

凍害のうち、コンクリートの施工後間もなく生じる場合を初期凍害と呼び、コンクリートが凍結による内部からの力に十分抵抗できない若材齢での凍害は別に定義される。

凍害の例

◉凍害の発生メカニズム

コンクリートが凍結すると、内部の水分が凍結して9%の体積膨張を生じ、組織を内部から押し広げようとする。逆に融解することで膨張により圧力を受けた組織が緩む。この繰り返しにより次第に組織が脆弱化する。

セメントペーストの内部では、まず大きな空隙中の水が凍結し、次いで小さな空隙中の水が凍結する。小さな空隙中で水が凍結する過程では、既に大きな空隙の水が凍結しているため、凍結による膨張を拘束され、内部に静水圧が生じる。

この空隙に作用する静水圧は、温度、凍結速度、水分の飽和状態、内部気泡の状態などにより異なる。また、凍結温度が低いと細孔中の水までもが凍り、凍害劣化が進行すると考えられている。

凍害劣化の形態と進行はおおよそ以下のとおりである。

(1) ポップアウト(表層下の骨材粒子などの凍結膨張による表面の円すい状の剥離)
(2) 微細なひび割れ(紋様や地図状の場合が多い)

(3) スケーリング(表面が薄片状に剥離・剥落)

(4) 崩壊(小さな塊か、粒子になる組織の崩壊)

凍害劣化過程の概念を右に示す。

●凍害劣化過程の概念図

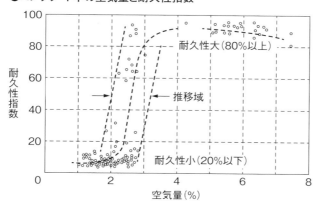

◉調査方法

凍害の進行過程を把握するため、ポップアウト、ひび割れ、スケーリングなどの表面状況を調査し、凍害劣化過程を把握する。

なお、凍害は、水分の供給で劣化が進行しやすいため、コンクリートが水分を供給される状態となっているかなど、構造物の置かれている環境も調査する必要がある。

◉防止対策

凍結融解に対してはコンクリート中に必要な空気量を連行することが必要であると古くから示されている。下の図はコンクリート中の空気量と凍結融解試験を行った場合の耐久性指数の関係を示している。耐久性指数とは、凍結融解試験を行った結果の相対動弾性係数を示すもので、耐凍害性を示す指標である。

●コンクリート中の空気量と耐久性指数

◉補修方法

凍害の補修は、まず凍害を受けた箇所を取り除いて、凍害抵抗性に優れる材料を用いて修復する必要がある。また、凍害を進行させないためには、外部から水分が供給される環境を改善しておくことも重要である。

化学的腐食

●用語の説明

　コンクリートが酸類、アルカリ類、塩類、油類、腐食性ガスなどの化学的作用を受け、セメント硬化体を構成する水和生成物が変質あるいは分解して結合能力を失っていく劣化現象である。化学的腐食は、温泉地、酸性河川、下水道関連施設、化学工場や食品工場の排水施設などの構造物で発生する。

微生物腐食による劣化の様子(3ページ参照)

石こう化して軟化したコンクリート

●発生のメカニズム

(1) 酸による化学的腐食：酸による化学的腐食では、酸が強くなるほど(pHが小さくなるほど)浸食の程度は大きくなり、内部に向かって進行していく。酸を含む溶液に流れがある場合や浸食面が角度を有する場合には、劣化した部分が容易に離脱してしまうため、腐食の進行が加速する。酸による腐食で生成されるカルシウム塩の溶解度が低い場合には、腐食生成物が細孔内に沈積して細孔をふさぎ、酸の浸透を遅延させる結果となる。下水道関連施設では、一般に微生物腐食と呼ばれる劣化が生じることがある。この腐食を受けたコンクリートでは、未反応部分での力学的な特性の低下はほとんど見られない。従って、脆弱化した部分を除去すれば力学的には健全である。ただし、酸の浸透がコンクリート内部の物質移動を引き起こしているため、脆弱化した部分を除去した後においても化学的な変化が生じることに留意しなければならない。

(2) アルカリによる化学的腐食：コンクリートはアルカリ性だが、非常に濃度の高いNaOHには浸食される。特に、乾湿繰り返しのある場合には劣化が激しい。

(3) 塩類による化学的腐食：(「33 硫酸塩」、78ページ参照)。

(4) 油類による化学的腐食：酸性物質を含まない鉱物油はコンクリートをほとんど浸食しな

い。動植物性油のように、多くの遊離脂肪酸を含有する場合には、酸として作用しコンクリートを浸食する場合がある。

(5) 腐食性ガスによる化学的腐食：塩化水素やフッ化水素、二酸化硫黄は、水に溶けて酸を生成し、コンクリートを浸食する。硫化水素は、硫黄酸化細菌の作用などによって酸化されて硫黄酸化物となり、水に溶けて酸を生成しコンクリートを浸食する。また、カルシウム化合物と反応して易溶性のカルシウム塩を生成しコンクリートを浸食する場合もある。

●調査方法

(1) 気象条件：温度が高いほど反応速度は大きいため、気温を調査する。

(2) 土壌条件：コンクリートが地中に存在する場合は、土壌中の含水率、コンクリート中の含水率の計測など行う。

(3) 環境と構造物の接触状況：コンクリートが接触する浸食溶液が有害であるか種類を特定することが極めて重要である。そのために、溶液の化学分析を実施する。この場合、溶液の酸性度、含まれるイオンの種類、濃度などの計測を行う。

(4) コンクリートの化学組織：熱分析TG・DTA（示差熱重量分析）、水和生成物や炭酸化合物などを定性・定量する分析、X線回折などの分析を行う。

●防止対策

(1) 下水道関連施設における微生物劣化：コンクリート表面への抗菌剤の塗布、下水中への中和剤の散布、流路の変更（下水のかく乱抑制）、嫌気性細菌が関与するための換気。

(2) 酸性劣化：中和剤の散布。

(3) 塩類による化学的腐食：硫酸塩の場合は、耐硫酸塩ポルトランドセメントの使用。

●補修・補強対策

　化学的腐食の耐久性確保の方法としては、酸とアルカリに対する腐食因子の除去と表面被覆となる。表面やひび割れからの腐食性物質の浸入を防止するための表面被覆、ひび割れ補修、劣化部分の除去と鉄筋の防食を目的とした断面修復、FRPの接着や巻き立てによる補強、劣化した部材の打ち換えなどの対策を組み合わせて行う。

関連する用語

微生物腐食：下水中の硫酸塩や含硫アミノ酸が、嫌気性細菌である硫酸塩還元細菌によって還元され、硫化水素が生成される。この硫化水素ガスが気相に放散されると、密閉空間で好気性細菌であるイオウ酸化細菌によって酸化され、硫酸が生成される。この硫酸がコンクリートを浸食する

疲労

●用語の説明

　材料の持つ静的強度より小さいレベルの荷重を繰り返し作用させた場合にも材料は破壊に至ることがある。この現象を疲労あるいは疲労破壊とよぶ。下図は、鉄筋コンクリート床版の疲労破壊の進行状態を例示したものである。静的荷重が増加していないにもかかわらずひび割れが進展し、ついには陥没する場合もある。

●鉄筋コンクリート床版の疲労による劣化進行状態

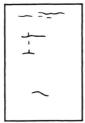   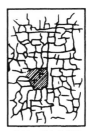

状態Ⅰ「潜伏期」　　　状態Ⅱ「進展期」　　　状態Ⅲ「加速期」　　　状態Ⅳ「劣化期」
1方向ひび割れ　　　　2方向ひび割れ　　　　ひび割れ網細化と　　　床版の陥没
　　　　　　　　　　　　　　　　　　　　　　角落ち

●発生のメカニズム

　コンクリートの疲労についての微視的な劣化のメカニズムは十分に明らかにされていないのが現状であるが、コンクリート中の骨材とセメントマトリックスとの付着力が低下し、次第に微細なひび割れが発生・進展し、金属材料と同様に疲労破壊を生じる。下の図は、一定

●繰り返し荷重下におけるコンクリートのひずみ変化

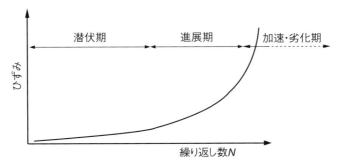

荷重を繰り返し作用させた場合のひび割れの進展状態を概念的に示したものであり、コンクリートのひずみは繰り返し回数が増加した段階で急激に増加し、劣化に至る。

　なお、雨水の供給など、水分を含むことでひび割れ面の摩耗が促進されるとともに、疲労も促進される。

◉劣化過程の評価方法

　床版を対象とした疲労による劣化進行の状態を下の表に示す。道路橋の鉄筋コンクリート床版の疲労劣化は、床版下面のひび割れとして観測される。進行過程から劣化の程度を評価し、疲労の進行状態に応じた補修・補強の判断を行う。

●床版の疲労による劣化の進行過程

劣化過程	劣化状態
潜伏期	荷重によるひび割れが、1方向に数本確認できる程度の段階。乾燥収縮などほかの要因でひび割れが生じる場合もある
進展期	主筋に沿った曲げひび割れが進展し、配力筋に沿ったひび割れが発生し始める段階。ひび割れの密度は高いが連続性は失われていない
加速期	ひび割れの網状化が進み、ひび割れの開閉がひび割れ表面で顕著に見られ、角落ちし、床版の耐力は急激に低下し始める
劣化期	床版断面内にひび割れが貫通し、床版コンクリートの連続性が失われ、貫通ひび割れで区切られた断面で輪荷重に抵抗することになる段階。雨水の浸透や鉄筋の腐食などにも配慮が必要である

◉疲労破壊に対する対策

　疲労破壊を生じやすい構造物としては、道路橋などの床版が挙げられる。疲労を生じにくくするにはいくつかの対応がある。例えば、繊維補強によりひび割れを生じにくくする方法、床版をプレキャスト化してプレストレスを導入し、ひび割れの低減を図る方法、鋼・コンクリート合成構造とする方法、プレテンションのプレキャスト合成床版とする方法などがある。なお、疲労劣化の原因には、使用条件のほか、設計段階での配慮として版厚、主桁の拘束配筋状態などの因子が挙げられる。また、施工段階でコンクリートの品質を確保すること、供用中の維持管理を適切に行うことなども必要である。

◉関連する基準類

　道路橋床版に関連する基準は、床版の陥没を契機に見直されてきた。1939年(昭和14年)に制定された内務省土木局制定の鋼道路橋設計示方書(案)は、日本道路協会として1956年(昭和31年)、1964年(昭和39年)に改訂され、1972年(昭和47年)には道路橋示方書が制定された。1978年(昭和53年)にコンクリート橋編が追加された後も、1980年(昭和55年)、1990年(平成2年)、1994年(平成6年)、1996年(平成8年)、2002年(平成14年)、2012年(平成24年)、2017年(平成29年)に改訂が重ねられている。

火害

●用語の説明

　火災により性能・機能に対する影響を受けることを火害と呼ぶ。コンクリートは、本来は耐火性に優れるが、火災の程度によっては、コンクリートの補修を必要とする場合がある。

●発生のメカニズム

　コンクリートは、火災などで温度上昇することにより、セメント硬化体と骨材および内部の鋼材が異なる膨張挙動を生じるため、それにより組織が緩む。また、温度変化に伴う伸縮が拘束されると熱応力が生じ、ひび割れが生じ、さらには剥落する場合もある。

　火災の受熱温度によるコンクリートへの影響は異なり、約600℃まではセメントペーストは収縮するが、骨材は膨張挙動を示す。さらにコンクリート中の自由水などが蒸気化して膨張することにより、内部の応力が増大し、組織が破壊されていく。

　火災を受けたコンクリートの表面には、大小のひび割れが生じ、100℃以上で遊離水のほか結晶水などが分離・消失して収縮し、約700℃で完全に脱水するとされている。そして、500～580℃程度で水酸化カルシウムが熱分解し、アルカリ性を減じる化学的被害を受ける。

●受熱温度とコンクリートの強度・弾性係数

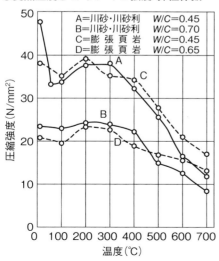

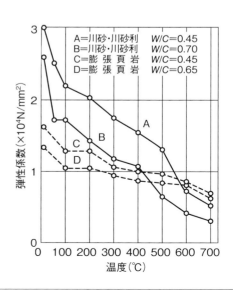

●受熱温度と鉄筋の強度

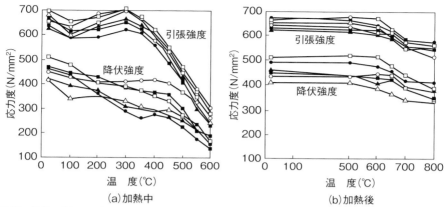

(a)加熱中　　　　　　　　　(b)加熱後

数社の複数の製品のデータを示しているが、傾向は同様である

　また、コンクリート中の骨材は、岩質にもよるが1200℃以上で長時間加熱されると漸次溶融する。

　コンクリートの強度は、左ページの図に示すように300℃程度までは大きな低下はないが、約500℃を超えると低下し、弾性係数(ヤング係数)も同様に低下する。また、鉄筋の強度は、上の図に示すように加熱して高温になると低下する。しかし、同図(b)のように加熱後は次第に強度が回復するとされている。

◉調査方法

　どの程度の熱作用を受けたかは、コンクリートの変色状況と受熱温度の関係から判断できる(「35 受熱温度」、82ページ参照)。外観調査では、コンクリート表面の色などを調査することでおおよその受熱温度を推定するとともに、中性化深さ、リバウンドハンマーなどにより表面強度、コアによる強度、ヤング係数、鉄筋の強度などを調査する。

◉補修・補強の要否判断

　火災を受けた構造物を再使用するに際しては、火害の調査結果に基づいた補修・補強の要否判定が必要となる。その際、火害の等級を定め、その基準により判定される(「35 受熱温度」、82ページ参照)。

複合劣化

●用語の説明

　中性化(炭酸化)、塩害、アルカリシリカ反応、凍害、化学的腐食や、それらによる鉄筋腐食が、単独ではなく同時に複数で進行する劣化を言う。

●発生・進行のメカニズム

　複合劣化の発生・進行は、独立して複数の劣化が発生し進行する場合や、単独の劣化が発生した後に複合劣化に移行する場合がある。

　「独立的複合劣化」は、複数の劣化作用は同時に生じるが、それらの間に相乗効果は生じず、その進行速度も単独劣化と同程度な場合である。「相乗的複合劣化」は、劣化作用同士の相乗効果または劣化過程における相乗効果によって、劣化の進行速度が単独劣化よりも加速される場合である。

　また、「因果的複合劣化」は、片方の劣化過程における現象が他方の劣化作用を実効的にする場合や、片方の劣化症状が現れた結果として他方の劣化作用が生じてしまう場合、または片方の劣化症状が現れた結果として他方の劣化過程における現象を加速してしまう場合である。因果的複合劣化では、片方の劣化作用が先行し、他方の劣化作用が時間差をおいて働き始めるのが通常であり、劣化症状も時間差をおいて現れる。

●複合劣化の相関

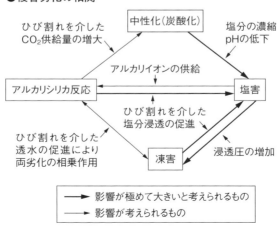

◉複合劣化の例

複合劣化した構造物の例を下の写真に示す。

凍害と中性化の複合劣化

塩害とASRの複合劣化

鉄筋腐食

◉用語の説明

　鉄筋腐食は、鉄筋周囲におけるコンクリート中の、塩化物イオンの増加あるいはpHの低下により、鉄筋表面の不動態皮膜が破壊されることによって開始し、次第に品質低下する現象である。

◉劣化発生のメカニズム

　コンクリートの空隙中における水溶液のpHは一般に12.5以上で、高アルカリ水溶液として存在する。このような強いアルカリ環境の下では、鉄筋はその表面に1～3nm厚の水和酸化物(γ-Fe_2O_3・nH_2O)から成る薄い酸化皮膜(不動態皮膜)が形成され、腐食作用から保護されている。しかし、ハロゲンイオン(Cl^-など)、硫酸イオン(SO_4^{2-})、または硫化物イオン(S^{2-})などが浸透すると、鉄筋は腐食しやすい状態になる。

　活性態にある鉄の表面では、アノード反応(酸化反応)が進行し、鉄がイオン化する。このアノード反応により生じた電子を消費するため、カソード反応(還元反応)が進行し、両反応が組み合わさって$Fe(OH)_2$が鉄表面に析出する。

●溶液のpHと鉄筋の腐食速度

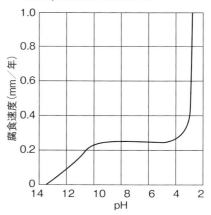

●鉄筋コンクリートの腐食反応

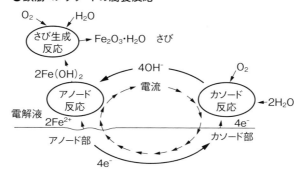

●腐食生成物の体積比

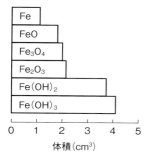

●港湾コンクリートの鉄筋腐食

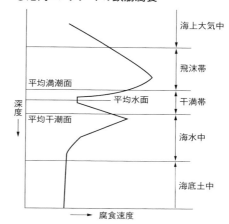

アノード反応　$Fe \rightarrow Fe^{2+} + 2e^-$

カソード反応　$O_2 + 2H_2O + 4e^- \rightarrow 4OH^-$

$$2Fe + O_2 + 2H_2O \rightarrow 2Fe^{2+} + 4OH^- \rightarrow 2Fe(OH)_2$$

　この化合物は溶存酸素によって酸化し$Fe(OH)_3$になる。さらに、この化合物は水を失って$FeOOH$またはFe_2O_3（赤さび）となり、また一部は酸化不十分なままFe_3O_4（黒さび）となる。

　鉄のさび層は多孔質であるため、たとえ厚く生成しても、腐食を抑制する効果が小さく、下地の鉄表面では腐食が絶えず進行する。また上図に示すように、さびは鉄より大きな体積を占めるので、その膨張圧がかぶりコンクリートのひび割れと剥離を引き起こし、ひび割れが腐食の進行をさらに促進させる。

　海中部にあるコンクリート中の鉄筋は、塩化物イオン濃度が高いにもかかわらず、腐食の進行が極めて遅くなる。これは海水に溶存している酸素が少ないからである。一方、飛沫帯では塩化物イオンの浸透のほかに乾湿繰り返しの影響で酸素も十分に供給されるため、鉄筋の腐食進行が速くなる。

◉劣化の調査方法

　コンクリート中の鉄筋腐食を非破壊的に調査する方法としては、自然電位法（130ページ参照）や分極抵抗法（132ページ参照）が用いられる、また、破壊を伴う腐食面積率（136ページ参照）を調査する場合もある。

◉劣化の防止対策

　塩化物イオンの浸透や中性化の進行を防ぐことで、腐食発生を抑制できる。「18 中性化（炭酸化）」（48ページ）や「19 塩害」（50ページ）も参照されたい。

キーワード

28

不動態皮膜

●用語の説明

　化学的または電気化学的に、溶解もしくは反応が停止するような金属の特殊な表面状態のこと。コンクリート中の鋼材は、高いアルカリ性によって表面に緻密な不動態皮膜が形成されるので、発錆しない。一方、外部からの炭酸ガスの浸入によって周囲が中性になると鋼材の不動態皮膜が失われ、耐腐食性が低下する。

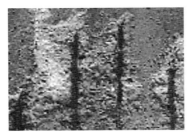

鉄筋の発錆状況

●鉄筋腐食のメカニズム

　コンクリート中の鋼材は、高いアルカリ環境下において、その表面が厚さ2〜6nmの水和酸化物($\gamma Fe_2O_3 \cdot nH_2O$)から成る不動態皮膜に覆われ、鋼材の腐食から保護されている。しかし、コンクリートが中性化してアルカリ度が低下したり、コンクリート中に有害成分が存在したりすると不動態皮膜が破壊され、鉄筋は活性化して腐食しやすくなる。

　コンクリート中の鋼材の不動態皮膜を破壊する有害成分としては、

(1) 塩化物イオン(Cl^-)

(2) 硫酸イオン(SO_4^{2-})

(3) 硫化物イオン(S^{2-})

(4) ハロゲン化物イオン(Cl^-、Br^-、I^-)　　　などがある。

　海岸構造物や山岳部の道路構造物では、海の塩分や融雪剤の影響と中性化が引き金となって、鉄筋コンクリート構造物中の鉄筋の腐食が生じる。

　鉄筋腐食に基づく鉄筋コンクリート構造物の劣化過程を示す。

(1) コンクリートの中性化や塩害によって、鉄筋表面の不動態皮膜が破壊されると、鉄筋表面に局部電池が形成され、アノード域から鉄イオン(Fe^{2+})が遊離し、鉄筋の腐食が進行する。

アノード反応　Fe　→　$Fe^{2+}+2e^-$

カソード反応　$O_2+2H_2O+4e^-$　→　$4OH^-$

(2) さらに、アノード域で生じた鉄イオンは、カソード域で生じた水酸化物イオン($4OH^-$)と反応し、カソード域で赤さびが生成される。

$$2Fe^{2+}+4OH^-　→　2Fe(OH)_2$$
$$2Fe(OH)_2+1/2O_2+H_2O　→　2Fe(OH)_3$$
$$2Fe(OH)_3　→　Fe_2O_3+3H_2O$$

または$2Fe(OH)_3　→　2FeOOH+2H_2O$

●塩化物イオンによって鋼材の不動態皮膜が破壊した場合の腐食電池の概要

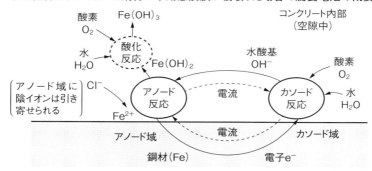

◉防錆処理

　健全なコンクリート中の鉄筋はさびないが、鉄筋がさびると、体積膨張でコンクリートが剥落して、鉄筋が露出することが多い。その場合、鉄筋のさび汁がひび割れからコンクリート表面に現れていることも多い。

　鉄筋の防錆材料には様々な種類があり、コンクリート中のさびた鉄筋のさび落としを行った後、鉄筋に防錆材を塗布する防錆処理を施す。

(1) 錆転換型防錆材料―――リン酸系、有機酸系、キレート剤など

(2) 樹脂系防錆材料―――エポキシ樹脂塗料、アクリル樹脂塗料など

(3) ポリマーセメント系防錆材料―――SBR系・PAE系などのポリマーセメントペースト

関連する用語

不動態：金属表面に腐食作用に抵抗する酸化皮膜が生じた状態のこと。この皮膜は溶液や酸にさらされても溶け去ることがないため、内部の金属を腐食から保護する。鋼材表面に酸素が化学吸着した厚さ3nm程度の緻密な酸化物層

ミクロセル腐食・マクロセル腐食

●用語の説明

　腐食電池(腐食セル)の形態は、マクロセルとミクロセルに大別される。一般的に、アノード部(アノード反応が優先的に生じる部分)とカソード部(カソード反応が優先的に生じる部分)が明らかに異なる部分に存在する数十センチ以上の電池(セル)をマクロセルと呼ぶ。一方、アノード部とカソード部がほぼ同じ部分に位置し、明確に両者の位置を区別することができない数センチ以内の電池(セル)をミクロセルと呼ぶ。ここで、マクロセル腐食は、コンクリート中における塩化物イオン含有量の濃淡や中性化の進行度の差異など、物質の不均一性が原因で生じ、条件によっては腐食速度が増進する。例えば、断面修復部と既設コンクリートとの界面付近やひび割れ部では、マクロセル腐食が進行する。

●劣化発生のメカニズム

　マクロセルが形成されると腐食速度が増進する理由を下図で説明する。図には、アノード分極曲線(図(a)(b)の右上がりの線)およびカソード分極曲線(図(a)(b)の右下がりの線)を示す。分極曲線は鉄筋に電気を流すために必要な電圧を表すもので、物質の種類やその周囲の環境に左右される。例えば、鋼材の材質の違い、pH、塩分濃度、酸素供給量などで変化する。腐食反応は電池の形成であり、この図のアノード分極曲線とカソード分極曲

●分極曲線を用いたマクロセル腐食速度とミクロセル腐食速度

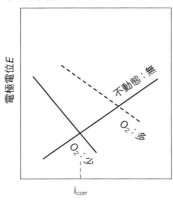

(a) ミクロセルを形成する場合

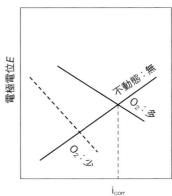

(b) マクロセルを形成する場合

線の交点が腐食電池を形成している状態になる。そして、交点における電流値が大きいほど(図では右側にあるほど)腐食電流が大きい、すなわち腐食速度が速いことを意味する。

　ここで、アノード側となる鉄筋では、既に塩化物イオンによって不動態皮膜が破壊されている状態を仮定する。すなわち、図(a)(b)のいずれでも、アノード分極曲線は「不動態：無」の線で表される。そして鉄筋のカソード分極曲線は、周囲の酸素の濃度で図(a)(b)のように影響を受ける。

　図(a)はミクロセルを形成する場合で、ミクロセルは数センチの狭い範囲で腐食電池を形成するため、供給される酸素の量も制限される。そして、アノード分極曲線「不動態：無」との交点は図中の比較的左の位置、すなわち腐食電流は小さくなる。

　これに対して、図(b)はマクロセルが形成する場合で、マクロセルではアノードとカソードが離れるので、カソードは比較的広い範囲に存在する。従って酸素の供給量は制限を受けにくくなるので、カソードとなる鋼材周囲の酸素濃度は多くなり、カソード分極曲線の勾配は図(a)と比べ緩やかになる。そして、アノード分極曲線「不動態：無」との交点は図中の右方向、すなわち腐食電流は大きくなる。

　このように、マクロセルを形成するような条件、例えば、打ち継ぎ目やひび割れなどの欠陥の存在により、塩化物イオンの供給、二酸化炭素の供給あるいは酸素の供給が局所的に不均一となる場合、同じ1本の鉄筋でもアノードになりやすい部分が局所的に存在し、マクロセルを形成して腐食速度が速くなる。

●断面修復部でマクロセル腐食が生じた鉄筋

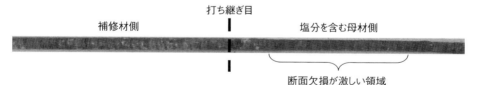

●劣化の調査方法

　コンクリート中の鉄筋腐食を自然電位法(130ページ参照)あるいは分極抵抗法(132ページ参照)で調査し、局部的に進行している場合はマクロセル腐食と判断し、全面的に進行している場合はミクロセル腐食と判断する。

●劣化の防止対策

　腐食を抑制するためには、腐食要因物質の濃度差が生じないようにする。

塩分濃縮

◉用語の説明

コンクリートが中性化することにより、中性化した部分のフリーデル氏塩が分解し、塩化物イオンが細孔溶液中で拡散して部分的に濃度が高まる現象である。

◉フリーデル氏塩

コンクリート中において一部の塩化物イオンは、未水和のセメント中のアルミン酸三石灰（C_3A）と反応し、固定される。固定により生成する代表的な化合物として、フランスの鉱物学者であるジョルジュ・フリーデルにより発見されたフリーデル氏塩（$3CaO \cdot Al_2O_3 \cdot CaCl_2 \cdot 10H_2O$）がある。固定される塩化物イオン量は、一般に全塩化物イオン量の40〜50％程度とされるが、セメントの種類、水和の程度や材齢などにより変化する。

例えば、低熱セメントは普通セメントよりもC_3Aの量が少ないので、低熱セメントを用いたコンクリートではフリーデル氏塩が少ない。

フリーデル氏塩自体は、鉄筋腐食に寄与しない。しかし、コンクリートが中性化することによってフリーデル氏塩が分解し塩化物イオンが遊離すると、鉄筋腐食に影響を及ぼす。

◉塩分濃縮のメカニズム

中性化によってフリーデル氏塩は、下式に示す化学反応により分解され、最終的には固定化されていた塩分が再び腐食に影響を及ぼす塩化物イオンとなる。この結果、中性化部分における塩化物イオン濃度が高まり、濃度拡散現象によって塩化物イオンは内部に移動する。このため、中性化の最前線部分で塩化物イオンの濃縮が起こる。すなわち、コンクリート表面ではなく鉄筋位置において、塩化物イオン濃度が最高値を示すことがある。これが、中性化の最前線部分における、塩分濃縮現象である。

$$3CaO \cdot Al_2O_3 \cdot CaCl_2 \cdot 10H_2O + 3CO_2 \rightarrow 3CaCO_3 + 2Al(OH)_3 + CaCl_2 + 7H_2O$$

劣化

●中性化に伴う塩化物イオンの濃縮現象

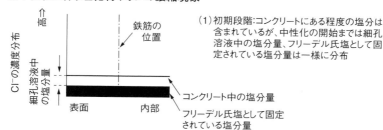

(1)初期段階:コンクリートにある程度の塩分は含まれているが、中性化の開始までは細孔溶液中の塩分量、フリーデル氏塩として固定されている塩分量は一様に分布

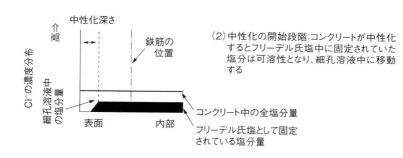

(2)中性化の開始段階:コンクリートが中性化するとフリーデル氏塩中に固定されていた塩分は可溶性となり、細孔溶液中に移動する

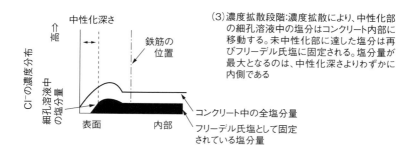

(3)濃度拡散段階:濃度拡散により、中性化部の細孔溶液中の塩分はコンクリート内部に移動する。未中性化部に達した塩分は再びフリーデル氏塩に固定される。塩分量が最大となるのは、中性化深さよりわずかに内側である

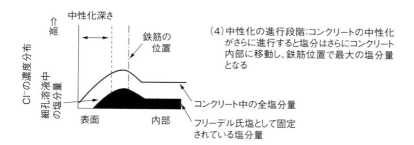

(4)中性化の進行段階:コンクリートの中性化がさらに進行すると塩分はさらにコンクリート内部に移動し、鉄筋位置で最大の塩分量となる

凍結防止剤

●用語の説明

冬季の積雪寒冷地域では、道路の円滑な通行を確保するため、除雪とともに凍結防止剤が散布される。凍結防止剤はNaClを主成分とし、散布によりできた塩化物溶液が水の氷点を降下させる性質を利用して路面水分の凍結を防止し、路面のすべり抵抗を保持する。

●劣化発生のメカニズム

凍結防止剤は、伸縮装置からの漏水とともに混入し、鉄筋コンクリート構造の中空床版や桁端部、張り出し部、橋台や橋脚などにおいて、局所的な塩害損傷を誘発する。また、鉄筋コンクリート造のトンネルでも、凍結防止剤を含む路面の飛散水がコンクリート壁面に付着して、塩害損傷を発生させる。特に、凍結防止剤の混入した融雪水は、高濃度の塩水となるため、海からの飛来塩分に伴う塩害よりも、劣化速度が速い。

●橋梁の橋端部における凍結防止剤の浸透

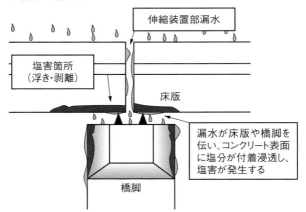

●劣化の調査方法

凍結防止剤を含む漏水が見られる部位に対して、コンクリートの塩化物イオン量や、鉄筋の自然電位を調査し、塩害の劣化進行を判定する(「58 自然電位法」、130ページ参照)。

●劣化の防止対策

(1)設計:漏水対策を施し、凍結防止剤がコンクリート内部に浸透しないようにする。

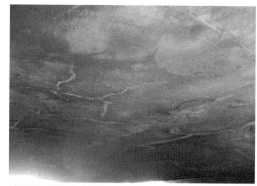

凍結防止剤による塩害

(2)鉄筋：エポキシ樹脂塗装鉄筋やステンレス筋などの防食鉄筋を用いる。

(3)予防保全：表面被覆工法や表面含浸工法を、新設あるいは短い供用期間の構造物へ
適用し、凍結防止剤の浸透を抑制する。

◉補修方法

　潜伏期であれば、腐食発生限界濃度の塩化物イオンが鉄筋位置まで到達する時間を延
長させるべく、表面被覆工法や表面含浸工法により補修する。一方、進展期であれば、防
錆剤を混入したモルタルを用いた断面修復工法(256ページ参照)や、流電陽極方式による
電気防食工法(244ページ参照)により補修する。

凍結防止剤による橋梁桁端部の塩害に対する断面修復での補修

エトリンガイト

●用語の説明

石こうと水が十分に存在する条件下におけるセメントの水和時に、アルミネート相(アルミン酸三カルシウム)、石こうおよび水が反応して生成される水和物。通称、セメントバチルスといい、針状の結晶。結晶化するときに膨張する性質がある。

●生成のメカニズム

普通ポルトランドセメントの組成は、$3CaO \cdot SiO_2$、$2CaO \cdot SiO_2$、$3CaO \cdot Al_2O_3$、$4CaO \cdot Al_2O_3 \cdot Fe_2O_3$がそれぞれ50%、26%、9%、9%程度で、そのほか石こう($CaSO_4 \cdot 2H_2O$)などから成る。水を添加すると、それぞれ次のような水和反応が起こる。

$$2 [3CaO \cdot SiO_2] + 6H_2O \rightarrow 3CaO \cdot 2SiO_2 \cdot 3H_2O + 3Ca(OH)_2$$

$$2 [2CaO \cdot SiO_2] + 4H_2O \rightarrow 3CaO \cdot 2SiO_2 \cdot 3H_2O + Ca(OH)_2$$

$$3CaO \cdot Al_2O_3 + 6H_2O \rightarrow 3CaO \cdot Al_2O_3 \cdot 6H_2O$$

$$4CaO \cdot Al_2O_3 \cdot Fe_2O_3 + 2Ca(OH)_2 + 10H_2O \rightarrow 2 [3CaO \cdot (Al_2O_3, Fe_2O_3) \cdot 6H_2O]$$

実際の水和反応は単純ではなく、種々の反応が進行する。そのなかで、上記の($3CaO \cdot Al_2O_3 \cdot 6H_2O$)と石こう($CaSO_4 \cdot 2H_2O$)が反応して、エトリンガイト($3CaO \cdot Al_2O_3 \cdot 3CaSO_4 \cdot 32H_2O$)が生成する。エトリンガイトの化学構造は、

$$[Ca_6Al_2(OH)_{12} \cdot 24H_2O](SO_4)_3 \cdot 2H_2O$$

となり、32分子の水のうち6分子の水は結晶格子内に取り込まれ、26分子の水はH_2Oの形、すなわち結晶水の形で水和していると言われている。

●エトリンガイトの利用

針状結晶を生成するので、その生成量が多いとセメント硬化体を膨張させる。エトリンガイト系の膨張材はこの性質を利用したものである。凝結・硬化中にエトリンガイトを生成する化合物を添加して、エトリンガイトの膨張を利用したセメントを膨張セメントという。

●エトリンガイトが関連する劣化

(1)硫酸塩による化学的腐食劣化

海水作用による浸食は、波浪による浸食や塩化物イオンによる鉄筋腐食を別にすると、主に硫酸塩による。ナトリウム、カルシウム、マグネシウムなどの硫酸塩が、セメント中の水酸化カルシウムと反応して二水せっこうを生成し、さらにC_3Aと反応しエトリンガイトを生成

セメント硬化体のSEM画像（6000倍）

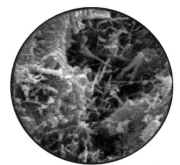

エトリンガイトの結晶の形状

して著しい膨脹を引き起こす（「33 硫酸塩」、78ページ参照）。

$$3CaO \cdot Al_2O_3 + 3Ca(OH)_2 + 3SO_4^{2-} + 32H_2O \rightarrow C_3A \cdot 3CaSO_4 \cdot 32H_2O + 6OH^-$$

(2) エトリンガイトの遅れ生成（DEF）によるひび割れ（54ページ参照）

　アルカリを多く含有するセメントを用いて蒸気養生したコンクリート製品が、水分の供給が十分な環境におかれた場合に、エトリンガイトの遅れ生成による異常なひび割れが発生する場合がある。このエトリンガイトの遅れ生成（Delayed Ettringite Formation）によるひび割れは、硬化後数年を経たコンクリートの内部組織全体に生じ、ひび割れ部分に大量のエトリンガイトが二次生成する。主要因は高温（70℃以上）養生とその後の湿潤環境であり、副次要因としてアルカリ量の多いセメントが挙げられる。

　DEFは、アルカリシリカ反応（ASR）と発生状況が類似している点もあり混乱しやすいが、高温で蒸気養生された場合に限って発生する点が異なる。

●エトリンガイトの遅れ生成（DEF）とアルカリシリカ反応（ASR）の発生条件の違い

条件	DEF	ASR
反応性骨材	−	◎
アルカリ量	○	◎
硫酸塩	◎	−
蒸気養生	◎	−
反応温度	20℃程度	高いほど進行
水分の供給	◎	◎
膨張量の目安	1%	0.1%

◎:主要因　○:どちらかといえば関係する
−:あまり関係しない

◉測定方法

　走査型電子顕微鏡（SEM）によるエトリンガイトの針状結晶の観察。粉末X線回折による成分分析など。

関連する用語

アルミネート相：結晶粒の間隙を埋めるアルミン酸三カルシウム（$3CaO \cdot Al_2O_3$）鉱物相
石こう：一般には二水石こう（$CaSO_4 \cdot 2H_2O$）を指す。ほかに半水石こう、無水石こうがある
水和反応：セメントの組成化合物が水と反応して、水を取り込んだ水和物を生成すること

硫酸塩

●用語の説明

　硫酸イオン(SO_4^{2-})を含む無機化合物の総称。硫酸分子に含まれる二つの水素原子のうち一つまたは二つが金属などの陽イオンで置換された塩。硫酸ナトリウム、硫酸カルシウム、硫酸マグネシウムなどがある。

●硫酸塩劣化のメカニズム

　硫酸塩によるコンクリートの化学的腐食は、硫酸(酸性)による劣化現象とは異なる。硫酸塩は硫酸を中和してできる塩で、その代表の一つに硫酸ナトリウムがあり、水溶液は中性である。

　硫酸ナトリウムなどの硫酸塩がコンクリートに浸入すると、C–S–HやAFmはセメント中のCa$(OH)_2$と反応して、二水石こうを生成し、さらにC_3Aと反応してエトリンガイト(Aft：組成例$3CaO \cdot Al_2O_3 \cdot 3CaSO_4 \cdot 32H_2O$)に変化する。硬化が進行した後のエトリンガイトの過剰な生成により、コンクリートは膨張破壊を起こす。

　　$3CaO \cdot Al_2O_3 + 3Ca(OH)_2 + 3SO_4^{2-} + 32H_2O \rightarrow Ca_3Al_2O_6 \cdot 3CaSO_4 \cdot 32H_2O + 6OH^-$

　硫酸塩の供給源は、土壌や地下水などの外来硫酸塩と、コンクリート自身に含まれる内在硫酸塩に分類される。その劣化のメカニズムは様々で、海外ではソーマサイト(Ca_6Si_2 $(CO_3)_2 (SO_4)_2 (OH)_{12} \cdot 24H_2O$)による劣化も報告されている。

　海水作用における浸食は、波浪や鉄筋腐食などを別とすれば、主に硫酸塩による。硫酸塩が高濃度の場合には急激な膨張を示すが、ある濃度よりも低い場合はほとんど膨張しない。また、ボタ山など硫酸塩を多く含む土壌に接するコンクリートでは、土壌に接していない面が乾燥面の場合、コンクリート内部に湿度勾配が生じて、土壌から水分とともに多量の硫酸イオンがコンクリート中に浸透して劣化する。

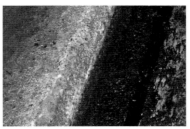

硫酸塩により劣化したコンクリートの例

●硫酸イオン(正四面体)

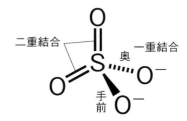

●調査方法

　硫酸塩による劣化は、コンクリートの表面から生じることが多い。作用している環境要因を的確に把握することが重要。劣化の程度は、硫酸塩の種類や濃度、温度、湿度、流れの有無によって大きく異なる点に注意する。地下水などの溶液を調査する場合は、高速液体クロマトグラフやイオンクロマトグラフ、原子吸光光度法、ICP（誘導結合プラズマ）発光光度計などによる定量を行う。

　硫酸塩劣化による硫酸イオンの浸透深さの測定は、過マンガン酸カリウムと0.2mol/l塩化バリウムの1：3混合液、ニトロアゾ化合物0.1〜0.5％エタノール溶液、トリフェニルメタン化合物0.1％水溶液により簡易に測定できる。詳細には、EPMAによりイオウ元素の分布状況などを測定する。

●劣化予測

　腐食のメカニズムを明らかにできても、劣化の進行予測を行うことは容易ではない。現在の劣化進行状況を把握し、今後の予測を行う方法が最も好ましい。

●防止対策と補修方法

　化学的腐食に対するコンクリート構造物の耐久性の確保は、腐食因子の除去と浸入を遮断する方法が基本となる。劣化

●化学的腐食の劣化過程

劣化過程	劣化状況
潜伏期	コンクリートに変状が見られるまでの期間
進展期	コンクリート保護層が浸食されてコンクリートに変状が見られ、その変状が鋼材に達するまでの期間
加速期	鋼材の腐食が進行する期間
劣化期	コンクリートの断面欠損、鋼材の断面減少が著しく、耐荷力の低下が顕著となる期間

要因によっては、周辺環境の改善によって劣化を抑制したり停止させたりすることが可能である。ただし、その対策は一時的ではなく、恒常的に行わなければならないことが多く、費用の面で問題となる。

　(1)土壌から硫酸塩が供給されている場合は、コンクリートに接触している土壌を硫酸塩が含まれないものに入れ替える。(2)地下水から供給されている場合は、シートで遮断したり、暗きょを敷設してコンクリートに地下水が接触しないように排水処理を行う。(3)建設時の場合は、腐食速度を見積もり、耐用年数に合わせて腐食分をあらかじめ厚く施工する。(4)耐硫酸塩ポルトランドセメントやポゾラン材料などを用いて、耐腐食性の高いコンクリートで施工する。(5)表面被覆により腐食因子の浸入を遮断して腐食を防止する。

関連する用語
C-S-H：けい酸カルシウム水和物。トバモライト（Tobermorite）とも言われる
AFm：モノサルフェート（Monosulfate）
C₃A：アルミン酸三カルシウム。セメントクリンカー中の化合物。分子式3CaO・Al₂O₃

累積疲労損傷・疲労強度

●用語の説明

　応力振幅が発生する鉄筋コンクリート部材の疲労による劣化進行を予測する指標の一つ。線形累積損傷則を用いて、一定振幅応力下で得られるS-N曲線から疲労寿命を算定する。

　疲労強度とは、材料に繰り返し応力を加えた場合に、応力を無限回数作用させても破壊しない応力振幅の上限をいう。

●累積疲労損傷則

　寿命の推定にはS-N曲線を用いる。S-N曲線は、応力振幅を固定して破断するまで疲労試験を行ったデータに基づいて作成する。しかし、実働荷重は一定の応力振幅ではなく、様々な振幅の応力が混ざっている。そこで、累積疲労損傷則を用いる。

　応力波形を分析した結果、σ_1、σ_2、…、σ_iの応力振幅が発生していたとすると、その応力振幅のときの破断までの繰り返し回数をS-N曲線から読み取り、N_1、N_2、…、N_iとする。これらの応力振幅がそれぞれn_1、n_2、…、n_i回繰り返されたとき、その損傷度をn_1/N_1、n_2/N_2、…、n_i/N_iと考える。累積疲労損傷則ではこれらの個々の損傷度の和を全体の損傷度Mとし、Mが1となったときに疲労破壊が起こると考える。

$$M = \sum_j \frac{n_j}{N_j}$$

　ここに、M：累積疲労損傷度

　　　　　n_j：作用応力振幅$\Delta\sigma$の繰り返し回数

　　　　　N_j：作用応力振幅$\Delta\sigma$による疲労寿命

　疲労限度以下の応力振幅は無限の寿命となり損傷に数えない。このような手法はマイナ

●S-N曲線の例

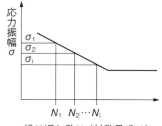

繰り返し数N（対数目盛り）

●実働状態の応力波形の例

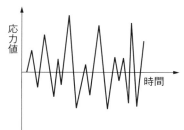

一則と呼ばれる。しかし、実際の疲労現象では疲労限度以下の応力振幅の場合も損傷に影響することが分かっている。

◉劣化の判定

疲労による外観上のグレードと性能の評価。下に示す性能評価の例を参照。

●コンクリート梁部材の疲労による劣化過程と性能評価の例

劣化過程 （グレード）	累積疲労損傷度 による区分	外観による区分	安全性能	使用性能	周辺環境への 影響性能
潜伏期 （状態I）	M<0.8	ひび割れは生じているが、外観上の変状は見られない			
進展期 （状態II）	0.8<M<1.0	同上			
加速期 （状態III）	1.0<M	ひび割れの進展・拡大が見られる	耐荷力低下 補強鋼材に生じている疲労ひび割れによる断面減少	剛性の低下 ひび割れの進展	美観の低下 ひび割れの進展
劣化期 （状態IV）		ひび割れの進展・拡大が見られる	耐荷力低下 梁部材内の一部の補強鋼材が疲労破壊	剛性の低下 補強鋼材の破断	第三者への影響 補強鋼材の破断付近のコンクリートの剥離

◉対策の選定

劣化過程に応じた性能低下を定量的に評価することが困難なため、想定される性能低下に照らして安全側の判断に基づいて対策を選定する。下の表を参照。

●コンクリート梁部材の疲労による劣化過程と対策

劣化過程（グレード）		点検 強化	補修	供用 制限	補強	解体・ 撤去	修景	機能性 向上	使用性 回復
潜伏期	I-1								
	I-2	○							
	I-3	○	(○)	○					
進展期	II	◎	○	○	○			○	○
加速期	III	◎		◎	◎		○	○	○
劣化期	IV	◎		◎	◎	○	◎	○	◎

◎:標準的な対策、○:場合によっては有効な対策、(○):予防保全的な対策

◉留意点

劣化の判定では、外観からは加速期になるまでどの過程にあるか区分するのは難しい。劣化期は外観から変化が分かるが、この期間の余命は短く、安全性からみて危険な状態で緊急な対応が必要となる。

関連する用語
応力振幅：疲労試験において、試験片に生じる変動応力の範囲の半分
S-N曲線：縦軸に応力振幅σ、横軸に破壊までの回数Nを取ってグラフにプロットしたもの
疲労限度：これ以上繰り返し回数を増やしても破壊に至らない下限の応力振幅値のこと

受熱温度

●用語の説明

火害を受けたコンクリートが到達した最高の温度。コンクリートの性質は、受けた温度履歴により変化する。火害に関する用語の一つ。

●火害のメカニズム

コンクリートは加熱されると、セメント水和物が化学的に変質して約600℃までは収縮する。一方、骨材は熱により膨張するため、相反する挙動によりコンクリートの組織は緩む。また、コンクリート中の自由水などが水蒸気となって膨脹し、内部応力が急激に増大して表層部で爆裂を起こしたり、内部組織が破壊されたりする。また、コンクリートは、約1200℃以上で長時間熱せられると漸次溶融する。火災を受

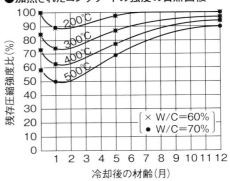

●加熱されたコンクリートの強度の自然回復

縦軸：残存圧縮強度比(%)
横軸：冷却後の材齢(月)

曲線：200℃、300℃、400℃、500℃

[× W/C=60%]
[● W/C=70%]

けたコンクリートの表面には、大小無数の網目状のひび割れが生じる。

コンクリートの圧縮強度は、300℃までは低下は少ないが、500℃を超えると低下し、弾性係数も500℃でほぼ半減する(「25 火害」、62ページ参照)。加熱により低下した圧縮強度は、被害後ある期間を経ると回復し、受熱温度が500℃以内であれば、再使用に耐えられる状態までに復元する。従って、一般的にコンクリートの安全限界温度は500℃とし、より安全側の温度は300℃とする。一方、弾性係数もある程度復元するが、総じてもろくなる。

火災を受けたコンクリート部材は、内部より表層部の方が強度低下やひび割れなどの被害は大きく、500℃に到達した深さと鉄筋位置の関係の把握が重要となる。

●調査方法

火災後のコンクリート部材の再使用や補修・補強を判定するため、調査によりコンクリートや鉄筋の受熱温度を推定し、被害等級を判定する。

(1) 一次調査

目視による外観上の被害状況を観察して状況を調べる。梁や床版のたわみ、ひび割れ、コンクリートの欠損(浮き、剥離)などを確認する。また、コンクリート表面の変色状況から

コンクリート表面の受熱温度を下の表のように推定できる。

●コンクリートの変色と受熱温度

変色状況	温度範囲(℃)
表面にすすが付着	300未満
ピンク色	300〜600
灰白色	600〜950
淡黄色	950〜1200
溶融	1200以上

500℃──再使用可／再使用不可

●被害等級と火害状況

被害等級	状況
I級	無被害の状態で、例えば、 (1) 被害は全くなし (2) 仕上げ材料などが残っている
II級	仕上部分に被害がある状態で、例えば、 (1) 躯体にすす、油煙などの付着 (2) コンクリート表面の受熱温度が500℃以下 (3) 床・梁の剥落はわずか
III級	鉄筋位置に到達しない被害で、例えば、 (1) 微細なひび割れ (2) かぶりコンクリートの受熱温度が500℃超(主筋位置では500℃以下) (3) 柱の爆裂はわずか
IV級	主筋との付着に支障がある被害で、例えば、 (1) 表面に数ミリ幅のひび割れ (2) 鉄筋一部露出
V級	主筋の座掘などの実質的被害がある状態で、例えば、 (1) 構造部材としての損傷大 (2) 爆裂広範囲 (3) 鉄筋露出大 (4) たわみが目立つ

●火災の被害等級と再使用の判定基準例

被害等級	判定基準
I級	補修の必要なし(内装の取り換え)
II級	補修の必要なし(コンクリート洗浄)
III級	補修(かぶりの部分を打ち替え)
IV級	補強(部材の補強)
V級	部材の取り換え、新部材の打ち足し

(2)二次調査

　(a)材料面:反発硬度試験、中性化試験などを行う。二次調査では、コア採取は実施する。また、鉄筋に支障があると判断した場合は、鉄筋を抜き取り試験する。コンクリートの安全限界と考えられる温度500℃に達している深さを調べる必要がある場合には、受熱温度を分析により推定する。

　(b)構造面:載荷試験、振動試験などを行う。厳密な構造診断が必要な場合は振動試験を行い、載荷試験を行うべき部材を選定する。

◉受熱温度の推定

　UVスペクトル法(GBRC法)、X線回折、示差熱重量分析(TG/DTA)による分析。

◉留意点

・コンクリートは500℃〜580℃の加熱で、遊離アルカリ分である水酸化カルシウムが熱分解し、中性化が進行する。これにより、鉄筋の腐食を防止する能力は低減し、鉄筋コンクリート構造物の耐久性が損なわれる。

・火災によって新しく生じたひび割れには、すすは付着しないため、ひび割れが火災によるものか否かは目視により判断できる。

・鉄筋の安全限界温度は500℃である。

・アルミサッシの溶融温度は550℃以上で、受熱温度の推定に有効である。

関連する用語
爆裂:火災によりかぶり部分のコンクリートが弾け飛ぶ現象
溶融:コンクリートが加熱などにより液体になる現象
浮き・剥離:浮きは、内部にひび割れがあるが母材と接着している現象。剥離は、それが剥がれ落ちる現象

溶出（溶脱）

◉用語の説明

　コンクリート中のセメント水和物が周囲の水に溶解して組織が疎となる変質や劣化現象のことで、風化や老化現象の一つ。風化や老化は、特別な劣化促進因子にさらされる環境ではなく、通常の使用条件で経年的にコンクリートが変質や劣化していく現象のこと。

●溶出によるCa(OH)₂量の低下

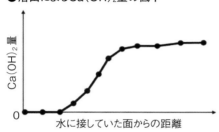

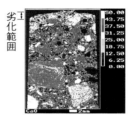

Caの溶出範囲（EPMA）の例
（3ページ参照）

◉溶出のメカニズム

　コンクリート中のセメント水和物が周囲の水に溶解して組織がポーラスとなる変質や劣化の現象である。水と接触する表面からアルカリ分が消失し、pHが低下して中性化が進み、組織の空疎化により強度低下が生じる。メカニズムを以下に示す。

(1) コンクリート表面から接触する水へ$Ca(OH)_2$が溶出。

(2) 表面近傍との$Ca(OH)_2$の濃度差を緩和するように、内部の細孔溶液中のCa^{2+}とOH^-が表面方向に移動。

(3) 細孔溶液相の$Ca(OH)_2$の濃度が低下した部分で、固体$Ca(OH)_2$が細孔溶液に溶解。

(4) (1)～(3)の繰り返し。固体$Ca(OH)_2$が溶解によって消費されつくすまで継続する。それまで細孔溶液は$Ca(OH)_2$が飽和した状態。

(5) 固体$Ca(OH)_2$が消費された部分で、セメントの主要水和物であるC-S-H中のCaOが細孔溶液中にCa^{2+}とOH^-として溶解。

(6) 溶解したCaOも同様に濃度勾配を緩和するようにCa^{2+}とOH^-が表面に移動。

(7) C-S-H中のCaOが溶解してC-S-HのCa/Si比が低下した部位が脆弱化する。

　地上構造物の場合は、スラブやひさし下部のひび割れや継ぎ目に沿って溶出した成分が二酸化炭素と反応して炭酸カルシウムとなり、エフロレッセンスやつらら状の析出物となる。

●調査および評価方法

溶出は、主に接水条件が劣化速度を支配する。

(1)接水面からのセメント水和物の濃度分布、(2)接水面からのCa濃度分布、(3)接水面からの空隙率分布、(4)溶出したCa総量などを調査する。

・中性化深さは、C–S–H消失深さとほぼ一致する。

・セメント水和物の溶解は最初にCH（水酸化カルシウム）が溶解してからC–S–Hが溶解する。

・強度低下の範囲は、微小硬度計(ビッカース硬度)などで測定する。

●溶出に影響を及ぼす要因

条件	溶出に影響を及ぼす要因
接水条件	・接水面が大きいほど劣化領域も増加する ・硬度が小さい水ほど溶出を促進。溶存炭酸濃度が大きいほど溶出を促進する ・接水時間が長いほど溶出を促進する ・流水環境は溶出を促進する ・材料の透水量が大きいほど溶出を促進する
環境条件 （温度）	・温度上昇によって材料中の成分移動速度は促進されるが、成分の溶解度は逆に低下する作用がある

●劣化評価

・**潜伏期**：かぶり部分のpHの低下が鋼材腐食発生限界に至っていない。表面近傍はCHが溶出していて、C–S–Hは溶出していない。

・**進展期**：鋼材の腐食が発生するが、ひび割れが生じていない。表面近傍からC–S–Hが溶出するものの、強度低下には至っていない。

・**加速期**：鉄筋の腐食ひび割れが発生。溶出が拡大して表面層が喪失する。

・**劣化期**：鉄筋腐食で耐荷力が低下する。

●劣化の判定

成分溶出は接触面からの距離で整理する。

(1)中性化深さ：鋼材とpH低下部との距離を指標とする。

(2)強度：ビッカース硬度などを接触面から深さ方向に測定し、強度指標に換算する。

(3)汚れ、つららの程度：美観や使用性などの観点から、外観について判断する。

(4)鉄筋腐食程度：鋼材の腐食減量や断面減少を測定して、構造性能の判断に反映する。

関連する用語
ポーラス：多孔の、多孔質の意味
C–S–H：けい酸カルシウム水和物
エフロレッセンス：コンクリートやモルタルの表面に析出する白い生成物。白華ともいう

調査
に関する用語

3

この項では、現地で調査する際に利用する技術を取り上げる

目視調査

●用語の説明

目視調査とは、日常点検時などにおいて簡易に構造物の異常を把握する方法である。目視調査は、構造物の外観のみで調査が行われるため、異常を発見した後に詳細調査を行うことが前提となる。外観調査の同義語として用いられ、カメラ(写真)、双眼鏡などを用いることも目視調査と位置付けられる場合がある。

●目視調査の位置付け

構造物の点検には、下表に示す種類と方法がある。目視調査は外観調査に含まれ、調査の基本になる。

●コンクリート構造物の点検の種類と方法

点検の種類	目的・頻度	主な点検方法
初期点検	維持管理開始時点において、構造物の初期状態を把握する点検	・設計、施工に関する書類調査 ・外観調査 ・たたき調査
日常点検	日常的に行い、供用による構造物の状態の変化を把握する点検	・外観調査(目視、写真、双眼鏡) ・たたき調査 ・車上感覚による調査
定期点検	1年ごとあるいは数年に一度の間隔で行い、構造物の状態をより広範囲に把握する点検	・外観調査(目視、写真、双眼鏡) ・たたき調査 ・非破壊試験 ・コア採取による試験・分析
臨時点検	外力(地震、衝突)などの作用で損傷した構造物に対して行う点検。基準類の変更に伴い、性能を確認するために行う点検	・外観調査(目視、写真、双眼鏡) ・たたき調査 ・非破壊試験
緊急点検	損傷構造物(事故が生じた構造物)と類似の構造物に対して行う点検。同様の事故を未然に防ぐことを主目的とする	・外観調査(目視、写真、双眼鏡) ・たたき調査 ・非破壊試験

2007年制定版土木学会コンクリート標準示方書[維持管理編]を参考に作成

●各種点検と目視調査

構造物の維持管理は、右ページ上の図に示す手順で行われる。まず、維持管理の計画を立案し、それに従って各段階にて診断が行われる。診断は、各種の点検時において外観調査、たたき調査、非破壊調査、コアによる調査が行われる。目視調査は、外観調査の基本であり、各段階で用いられる。

●構造物の維持管理と診断方法

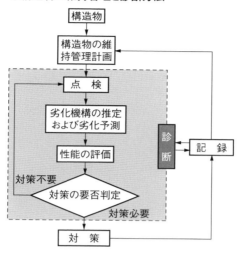

◉**調査方法**

　目視調査は、構造物の近くで行うのが基本であるが、近寄れない場合は、望遠レンズを利用してのカメラ撮影や双眼鏡などを用い行う。なお、汚れている場合は、不具合と汚れの区別がつかないため、表面の汚れを除去して観察する場合もある。

　コンクリート構造物の目視調査の方法を下表に示す。損傷の種類により調査方法が異なる。

　関連用語として、「38　デジタル画像法」（90ページ）、「46　変状調査」（106ページ）も参照されたい。

●コンクリート構造物の目視調査方法

損傷の種類	調査方法
ひび割れ	・ひび割れのパターン（発生方向、本数） ・ひび割れ長さ、ひび割れ幅（スケールルーペなど） ・ひび割れによる段差 ・ひび割れからのさび汁などの存在
浮き、剥離、剥落、鉄筋露出、さび汁の溶出、豆板、エフロレッセンス、変色、漏水など	・損傷の位置、損傷箇所数など ・損傷周辺の変状 ・損傷の大きさなど
異常音、異常振動	・音源の特定、振動源の特定など
変形（たわみなど）、沈下、移動、傾斜	・沈下の程度、傾斜の程度、移動の程度、たわみの程度など

デジタル画像法

●用語の説明

　デジタル画像法とは、デジタルカメラで撮影したデジタル画像を用いて、コンクリート構造物の劣化状態を把握する調査法である。

●デジタル画像法により作成した損傷図の例

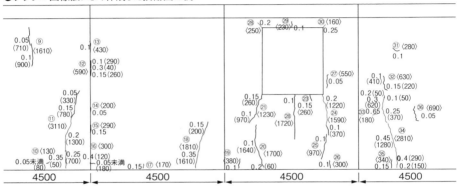

●デジタル画像法の特徴

　デジタル画像法は、コンクリート表面に顕在化したひび割れや剥離などの状況や構造物全体の変状状況を把握することを目的とする外観調査の一手法と言える。現在までのところ、デジタル画像法によるコンクリート構造物の調査は、橋梁床版、橋脚、建物、擁壁、貯水槽、トンネル覆工などのひび割れ、遊離石灰、剥落・鉄筋露出などの調査に適用されている。目視調査と比べて、デジタル画像法には、以下のような特徴がある。

(1) 望遠レンズを使うことにより、ある程度の距離をおいての調査が可能になる。

(2) 現場作業時間や足場の設置費用を軽減できる。

(3) コンピューター処理が前提であり、損傷状態の数値化・デジタル化が可能である。

●撮影機材とデジタル分解能

　デジタル画像法による調査は、撮影機材(デジタルカメラ)と画像処理・資料作成のための機材(パーソナルコンピューターおよびソフトウエア)で構成される。デジタルカメラは撮像素子としてCCD (Charge Coupled Device) やCMOS (Complementary Metal Oxide Semiconducter) センサーを使用し、カメラの光学系から投影された画像を電子的に記録し

ているため、デジタルカメラの基本性能は撮影素子の画素数(ピクセル数)、光学レンズの性能に依存する。撮影面積が同じであれば、撮像素子の画素数が多いほど、反対に画素数が同じであれば、撮影面積が狭いほど、解像度が高くなる。例えば、1m角のコンクリート表面を1000×1000画素(100万画素数)のデジタルカメラで撮影したときのデジタル分解能は1.0mmである。また、光学レンズの性能としては、高い撮影感度を確保するため、撮像素子の1画素の面積が大きいことが望ましく、光学レンズとしてはF値の小さいレンズ＝明るいレンズを使用することが望ましい。

　デジタル分解能は画素数と撮影面積に支配されるが、モニター上の分解能としては、デジタル分解能の1/10以上の分解能を有していることが確認されている。これは、デジタル画像で撮影したコンクリート表面のひび割れなどの情報が、画像処理ソフトのエッジ強調処理などを経て、より鮮明な画像として、コンピューターモニター上で認識されることによる。ただし、デジタル分解能を大きく上回る分解能を得るためには、コンクリート表面の汚れが少なく、撮影時の照度が十分に確保できていることが必要となる。

●デジタル画像法によるひび割れ調査

　コンクリート構造物のひび割れ調査では、ひび割れ幅0.2mm以上のひび割れが問題とされることが多く、撮影画角はコンクリート表面の幅0.2mmのひび割れをデジタル画像で認識することが可能な画角を採用する。例えば、市販の260万画素のデジタルカメラを用いた場合、0.2mmのひび割れが認識可能な撮影画角(短辺方向)は2.5m程度となるが、所定の画角を得るためには、ズームレンズの使用が必要となることが多い。撮影時には、コンクリート表面に対し、できる限り正対面で撮影し、必要に応じて三脚などを使用する。デジタル写真の撮影後、パーソナルコンピューターと画像診断ソフトで損傷調査図を作成する。画像診断支援ソフトは、収差補正、あおり補正、画像合成機能、座標設定機能、トレース機能、計測機能、ひび割れ特徴化機能などを有している。これらの機能を利用して、デジタル画像から損傷図を作成する。

　最近では、クラックスケールを内蔵して、離れた場所からひび割れ幅を測定可能な光学測量器も開発されている。

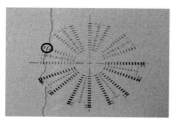

光学測量器に内蔵されたクラックスケールによるひび割れ幅の測定

デジタル画像法の撮影状況

非破壊試験

●用語の説明

非破壊試験(nondestructive test of concrete)は、コンクリートの品質を供試体または構造体に損傷を与えずに評価するための試験である。

●各種の非破壊試験

対象物に損傷を与えない非破壊試験をコンクリート供試体に適用した場合、同一の供試体の経時的な物性変化を把握したり、同一の供試体を用いて、何度も同じ試験を繰り返すことができる。また非破壊試験をコンクリート構造物に適用した場合には、試験の実施に伴い構造物に損傷を与えるリスクを低減することができる。

●非破壊試験の例

利用する性質・物理量など	試験法の名称	得られる情報の例		
		コンクリート	内部鉄筋	その他
表面硬度(反発度)	反発度法	強度	———	———
鋼材の導電性・磁性、コンクリートの誘電性	電磁誘導法	含水状態	位置、径、かぶり	———
弾性波	打音法	空隙、浮き、剥離、強度、弾性係数、ひび割れ深さ、部材寸法	———	———
	超音波法		———	———
	衝撃弾性波法		PC破断	———
	AE法		———	損傷の進行状況
電磁波	電磁波レーダー法	空隙、浮き、剥離、ひび割れ分布	位置、径、かぶり	———
	X線法			———
	赤外線サーモグラフィー法		———	———
電気化学的性質	自然電位法	———	腐食状態	
	分極抵抗法	———	腐食状態・速度	

●非破壊試験の目的

コア供試体を採取するとき、鉄筋や内部の配管などを損傷させないよう事前にその位置を把握しておくことが必要であることや、コンクリート構造物の損傷の程度や耐荷性能、安全性、対策の要否や方法、供用寿命などを的確に把握するためには内部鋼材の状態、特に発錆の状態や断面減少の程度などに関する情報を把握することが必要である。コンクリート構造物の非破壊試験は、コンクリート構造物内部のこれらの情報を得ることを目的に実施する。

◉測定方法

　非破壊試験としては、弾性波や電磁波、コンクリートや鋼材の物理的もしくは電気化学的性質など、様々な原理を用いた試験が実用化されている。同じ原理を用いた非破壊試験機器でも、複数の製品が実用化されており、得られる情報は製品ごとに違いがある。

　例えば、弾性波を用いてコンクリート構造物の内部を探査する場合、用いる弾性波の周波数により探査深度と分解能が異なる。一般に周波数が高くなると波長が短くなり、分解能は高くなる（小さな対象も検出可能となる）が、減衰が大きくなるため、探査深度は浅くなる。反対に、周波数が低くなると、分解能は低下するが、探査深度は深くなり、より深部の情報を得ることができる。

　非破壊検査により、必要とする情報を確実に得るためには、目的に合致した非破壊試験方法を選定するとともに、それに適した機器を選定する必要がある。

透過法による超音波伝播速度の測定

リバウンドハンマーによる反発度の測定

電磁波レーダーによる内部探査

サーモグラフィーによる構造物調査

微破壊検査法

●用語の説明

　微破壊検査法とは、構造物に与える損傷を極力低減して、コンクリート内部のひび割れなどの情報を得る検査方法である。その一例であるシングルアイ工法について解説する。

道路橋RC床版に発生した水平方向のひび割れ

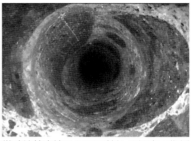

微破壊検査法によるひび割れの観察画像例（直視画像）

●調査・測定の目的

　ひび割れなどのコンクリート内部の情報を得るために、各種の非破壊検査法が開発されているが、これらは何らかの物理量を用いて、コンクリート内部の情報を得ているため、100％信頼できる精度を持つとは言えない面がある。一方、コアを採取すれば、コンクリート内部の状態をより詳細に把握することが可能だが、通常のコアはϕ50〜100mmであり、その大きさの損傷をコンクリート構造物に与えることとなる。また鉄筋を損傷させる可能性もあるため、通常はコアの採取本数は限られたものとならざるを得ない。

　シングルアイ工法は、水平ひび割れの発生が問題となる道路橋のRC床版内部の調査を、構造物に与える影響を最小にして実施することを主な目的として、機械設備、削孔、注入材、撮影、画像処理、補修の各分野の技術を結集して開発された微破壊検査方法である。

●シングルアイ工法の一般的な作業手順

鉄筋探査計で鉄筋位置を確認
小口径水循環式削孔機を用いてϕ5mmで1次削孔
カラー樹脂を注入
小口径水循環式削孔機を用いてϕ9mmで2次削孔
小型の工業用内視鏡で内部調査
直視、側視による等速撮影
側視動画の合成
削孔部の充填補修

◉調査・測定手法

　ここでは、シングルアイ工法の一般的な作業手順を示す。

　①最初に、鉄筋探査計を用いて、鉄筋位置を特定し、鉄筋を避けて削孔位置を決定する。②小型の小口径水循環式の削孔機を真空吸引で固定し、φ5mmの1次穿孔を削孔する。③特殊カラー樹脂を注入する。樹脂の硬化時間は約15分である。④樹脂の硬化後、2次穿孔としてφ9mmで削孔し、側壁のひび割れを露出させる。⑤小型の工業用内視鏡（アイ・スコープ）を挿入して内部を調査する。この時、手動で内部を観察しながら調査し、モニターでひび割れを確認することができる。同時にステレオ撮影しているのでひび割れ幅を特定することもできる。その後、エンコーダを用いて等速で挿入し、側視動画を撮影する。⑥撮影した側視動画を処理して、1枚の画像、すなわち深さ方向の詳細情報を得る。⑦補修材で削孔部を充填して終了となる。総作業時間は1カ所あたり30分程度で、舗装や鋼板があっても手軽に調査できる。

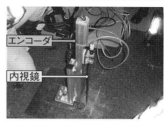

エンコーダ
内視鏡

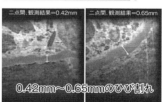

二点間，観測結果=0.42mm　　二点間，観測結果=0.65mm

0.42mm〜0.65mmのひび割れ

上:特殊樹脂の注入状況
中:工業用内視鏡の挿入
下:120°の広角側視画像例

●深さ方向の詳細情報画像の作成

合成後の画像

ひび割れ

RC床版

撮影画像（側視）

アイ・スコープで撮影した側視動画を画像処理して、1枚の画像とし、深さ方向の詳細情報を得る

コア試験(破壊試験)

●用語の説明

コア試験(破壊試験)とは、コンクリート構造物から採取したコア供試体を用いた圧縮強度試験などのコンクリートの破壊を伴う試験である。

コア供試体

コア供試体を採取している状況

●破壊試験と非破壊試験

コンクリートの試験は、「破壊試験」と「非破壊試験」の2種類に大別できるが、最近では「微破壊試験」を加えて3種に大別することも多い。

破壊試験では、供試体が破壊してしまうため、一度試験を実施すると同じ供試体を用いて同種の試験を実施することはできない。半面、圧縮強度などの重要な情報を直接入手することができる。一方、非破壊試験では、同じ供試体を繰り返し測定できるため、コンクリート性状の経時的な変化を追うことができる。コア供試体を用いた圧縮強度試験は破壊試験の代表例と言える。

コンクリートの品質・性能のなかでも、圧縮強度は最も重視されている。これはコンクリートの圧縮強度がその他のコンクリートの性能と高い相関関係にあり、コンクリートの圧縮強度を把握できれば、耐久性能を含む多くの性質を概略把握することもできることによる。

品質管理試験では、別途作製したコンクリート供試体の圧縮強度試験が実施されているが、供試体の圧縮強度は、施工時の状況や養生・供用時の環境条件などにより影響を受けるため、構造物に使われているコンクリートの品質を把握するのに最も確実で基本的な方法は、構造物からコア供試体を採取して、圧縮強度試験を実施することとなる。コア供試体を採取できれば、圧縮強度のみならず、損傷の原因特定や対策立案に有益なほかの試験(例えば静弾性係数、塩分量、配合推定など)を同時に実施することも可能となる。

●コア採取および圧縮強度の測定

コア供試体の採取および圧縮強度試験に使用する主な機器、器具は以下のとおりである。

(1) 鉄筋探査機(鉄筋の位置、間隔、かぶり厚の測定が可能なもの)

(2) コンクリート用コアドリル

(3) キャッピング用器具など

(4) 圧縮強度試験機

試験方法としては、JIS A 1107「コンクリートからのコアの採取方法及び圧縮強度試験方法」が定められている。

コアの採取は、調査の目的に合致した箇所・方向から実施する必要があるが、採取位置を決定したら、配管や電気配線、鉄筋を切断することがないよう、鉄筋探査機などを用いて、その位置の鉄筋や配管などの状況を把握する。

強度を測定する場合のコアは、直径が粗骨材の最大寸法の3倍以上必要であり、採取するコアの直径は7.5cmあればよいことになるが、通常は直径10cmのコアを採取することが多い。また、コア供試体の圧縮強度はコアドリルのトルクに大きく影響され、トルクが1.5kg・mを超えると圧縮強度は低下し始めるので注意する。強度試験に用いるコアは、1カ所から3本採取するのが一般的である。

コア供試体の高さと直径との比(h/d)は、1.90 〜 2.10とし、どのような場合にも1.0以下としてはならない。コア供試体の高さが直径の1.9倍より小さい場合には、試験で得られた圧縮強度に補正係数を乗じて、h/d＝2の供試体の強度に換算する。

●コア供試体を用いた圧縮強度試験の流れ

コア径およびコア採取箇所の選定
↓
鉄筋探査機による鉄筋位置、間隔、かぶり厚の確認
↓
コア採取位置の決定
↓
コア採取
↓
コアの成形およびキャッピングなど
↓
圧縮強度試験
↓
試験結果の整理

●供試体の直径と相対強度

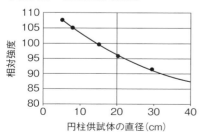

供試体の高さと直径の比が同じでも、直径により強度が異なる

●供試体の高さと直径の比と相対強度

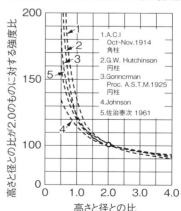

高さは直径の2倍を基準としている。この比が異なると補正が必要

小径コア

●用語の説明

　小径コアによる試験とは、採取するコア供試体を小径とすることにより、構造物に与える損傷を最小限に抑えつつ、構造体コンクリートの品質をより的確に把握しようとする試験である。直径50mm以下のコアを小径コアと呼ぶ。

小径コアの採取

小径コアの例

圧縮強度試験状況

●試験の目的

　コンクリート構造物から採取するコア供試体の直径は、粗骨材の最大寸法の3倍以上が必要とされており、このような形状のコアを採取した場合、完成後の構造物に少なからず損傷を与えることとなる。小径コアを用いた強度試験は、構造物から抜き取るコアの直径を50mm以下として、構造物に及ぼす影響を極力低減しつつ、構造体コンクリートの強度を把握することを目的としている。また、圧縮強度試験と同時に、中性化深さや塩分量の測定も実施できる。

●背景

　小径コアを用いた強度試験は、平成18年国土交通省通知の「微破壊・非破壊試験によるコンクリート構造物の強度測定試行要領(案)」で採用された微破壊2種、非破壊3種(超音波1種、衝撃弾性波2種)の試験法のうちの一つである。

●測定方法

　小径コアによる試験は、推定強度が70N/mm^{2}以下で、粗骨材の最大寸法が40mm以下のコンクリートに適用することができる。一般には、直径22.5mmもしくは25mmの小径コアを用いた方法が多い。

　小径コアの寸法誤差は、直径は25mmの場合±1.5mm、高さは直径の2倍程度(50±

●小径コアを用いた強度算出のフロー

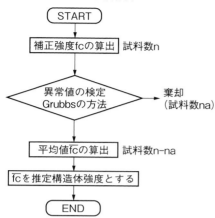

「小径コア試験による新設の構造体コンクリート
強度測定要領（案）2006年5月」

●小径コアを用いた圧縮強度試験結果と標準的な
　コア供試体による結果の関係

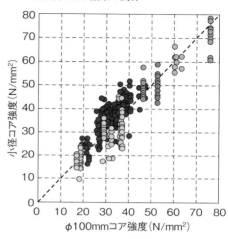

小径コアを用いて得られた圧縮強度は、標準的なコ
ア供試体の強度によく一致していることが分かる

3mm）と規定されている。

　試験は6本の供試体で実施し、破壊荷重を断面積で除して、圧縮強度を算出する。算出
した圧縮強度から$2N/mm^2$を差し引いて、補正強度を算出し、Grubbsの方法による棄却
検定を行う。このとき、コア供試体の破壊形状も考慮する。

　棄却されなかった試験結果から平均値を算出し、構造体コンクリート強度とする。

◉**留意事項**

　小径コアの採取は、配筋が密な場合でも鉄筋破断の危険性が低く、構造物に与える損
傷の軽減が可能で、コア採取跡の補修も容易である。その半面、試験精度を向上させるた
めには、供試体本数を増やし、異常値を適切に棄却する必要がある。

ドリル法

●用語の説明

ドリル法とは、コンクリートドリルでコンクリート構造物を削孔したときの削孔粉や削孔を用いて、コンクリート内部の状況を把握する調査方法で、微破壊試験の一つである。

●ドリル法の目的

ドリル法による試料の採取

コンクリート構造物から試料を採取して、各種分析・測定を行えば、コンクリートの状況を最も確実に把握することができる。しかしながら、コンクリート試料を採取するためにはコア供試体の抜き取りや構造物を部分的にはつり取ることが必要で、コンクリート構造物に少なからず損傷を与えることとなる。

ドリル法による測定では、コンクリート構造物に与える損傷を極力低減しつつ、コンクリート内部の情報、具体的には、中性化深さや塩化物イオン含有量を測定することができる。

●測定方法

(1) 中性化深さの測定

ドリル法による中性化深さの測定は、右ページ上の図に示すようにコンクリート表面を φ10mm のコンクリートドリルにより削孔し、このときに出る削孔粉を1%フ

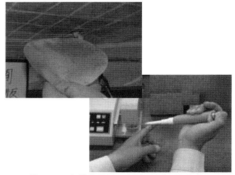

ドリル法による中性化深さの測定(上)。塩化物イオンの迅速試験(下)

ェノールフタレイン溶液を噴霧したろ紙で受け止め、ろ紙に落下した削孔粉が紅色に変色したときの孔の深さをノギスで計測して中性化深さとする方法である。このとき、ドリル削孔粉が常に新しいところに落ちるようろ紙を常時動かす(回転させる)必要がある。このドリル削孔粉による中性化深さの測定は、日本非破壊検査協会より、NDIS 3419「ドリル削孔粉を用いたコンクリート構造物の中性化深さ試験方法」として制定されている。

(2)塩化物イオン含有量の測定

コンクリート構造物の塩化物イオン量の測定は、通常構造物からコア供試体を採取して、深さ方向ごとに切断・粉砕後、深さ方向の塩化物イオン量の分布を測定している。ドリル削孔粉を用いた塩化物イオン量の分析では、コア供試体の代わりに、コンクリートドリルの削孔粉を用いるが、塩化物イオンの測定としては、温水抽出によ

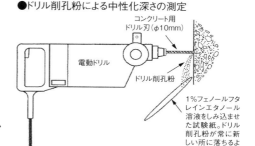

●ドリル削孔粉による中性化深さの測定

コンクリート用ドリル刃（φ10mm）

電動ドリル

ドリル削孔粉

1%フェノールフタレインエタノール溶液をしみ込ませた試験紙。ドリル削孔粉が常に新しい所に落ちるように動かす

る可溶性塩化物イオンの測定のほか、全塩分の分析も行われている。

分析方法としては、JIS A 1154「硬化コンクリート中に含まれる塩化物イオンの試験方法」など、コア供試体を用いた場合と同様の方法が採用されることが多い。

また、試料の採取という面からは、ドリル粉を用いてX線回折分析や蛍光X線分析などを実施することも可能である。

◉測定時の留意事項

ドリル法による中性化深さや塩化物イオン量の測定は、従来実施されていたコア供試体を用いた試料採取法を簡略化し、費用や時間、構造物に及ぼす影響などを軽減した方法と言える。従って、測定精度としては、従来のコア供試体による方法より劣っていることは否めない。

中性化深さの測定では、コア供試体を割裂して1%フェノールフタレイン溶液を噴霧する従来の方法では±1mm以下の精度が得られるのに対し、ドリル法では、おおむね±2mm程度の精度となる。

塩化物イオン量の測定では、粗骨材の影響を緩和し、塩化物イオン量の測定精度を向上させるためには1カ所当たり50g程度の試料が必要とされているが、ドリル径φ20mm、削孔深さ20mmで50gの試料を得るためには、3カ所程度削孔する必要がある。複数箇所の削孔が必要となれば、構造物に与える影響が大きくなるのみならず、試料の採取深さに関する信頼性も低下する。

ボス供試体

◉用語の説明

　ボス供試体とは、構造体コンクリートの品質をより的確に把握することを目的に考案された特殊な型枠(ボス型枠)により作製された供試体である。ボス(BOSS)とは、「Broken Off Specimens by Splitting」を示している。

◉ボス供試体による試験の目的

　コンクリートの品質(強度)は、材料や配合(調合)のみならず、例えば、施工時の温・湿度、締め固め程度、養生時の温度、部材の大きさなどの影響を受ける。このため、構造物に用いられているコンクリートの品質を最も的確に把握するためには、実際の構造物からコア供試体を採取して、強度試験を実施することが望ましい。しかしながらこの場合、完成後の構造物に少なからず損傷を与えることとなっていた。ボス供試体を用いた強度試験は、構造物に与える損傷を極力低減しつつ、構造体コンクリートの強度を把握することを目的としている。

◉背景

　コンクリート構造物の品質確保とともに、監督・検査の充実を図ることを目的として、2006年に国土交通省から「微破壊・非破壊試験を用いたコンクリートの強度測定の試行について」が通知され、同時に「微破壊・非破壊試験によるコンクリート構造物の強度測定試行要領(案)」が策定された。ボス供試体を用いた強度試験は、この要領(案)で採用された微破壊2種、非破壊3種(超音波1種、衝撃弾性波2種)の試験法のうちの一つで、橋梁下部工(フーチング部)へ適用することと定められている。なお、これらの試験の実施に際しては、「各試験に固有の検査技術ならびにその評価法について十分な知識を有することが必要である」と規定されている。

◉ボス供試体による強度試験

　ボス供試体はスランプ8cm以上、粗骨材の最大寸法40mm以下、呼び強度18 ～ 130N/mm^{2}のコンクリートに対して適用することができる。なお、圧縮強度試験は、5N/mm^{2}以上で実施可能である。具体的な手順は、以下のとおりである。
(1)構造体コンクリートの打設前に構造体型枠外縁にあらかじめボス型枠を取り付けておく。
(2)コンクリート打設時、ボス型枠にも同時にコンクリートが充填され、構造体コンクリート

の外側に直方形の供試体が一体成型される。

(3) 所定材齢まで養生する。

(4) 型枠に取り付けられているスリット版、成型版を利用して、ボス供試体を構造物から割り取る。

(5) 必要に応じて所定期間養生した後、圧縮強度試験を実施する。

端面板内側の剥離剤の塗布

ボス型枠の取り付け状況

ボス供試体の割り取り状況

圧縮強度試験の状況

ボス供試体による強度試験の概要。「ボス供試体による新設の構造体コンクリート強度測定要領（案）2006年5月（09年7月修正）」

◉特徴と留意事項

(1) ボス供試体による試験は、所定の講習会を受講した者または受講した者から指導を受けた技術者が実施する。ただし、指導を受けた者は、当該現場に限り測定を行うことができる。

(2) 粗骨材の最大寸法20mmまたは25mmの場合、□75ボス型枠（断面：75×75mm、長さ：150mm）または□100ボス型枠（100×100×200mm）を、最大寸法40mmの場合、□100ボス型枠または□125ボス型枠（125×125×250mm）を使う。

(3) 加圧面を研磨・整形しないで強度試験を行うことができる。

(4) コンクリート構造物の耐久性をモニタリングすることができる。

(5) 打設時、コンクリートの充填性と気泡の浮き上がりに注意し、養生中の直射日光や環境温度の影響にも留意する。

●ボス供試体と標準コアの強度の相関

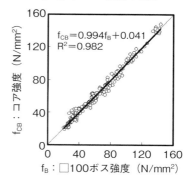

$f_{CB} = 0.994 f_B + 0.041$
$R^2 = 0.982$

縦軸：f_{CB}：コア強度（N/mm²）
横軸：f_B：□100ボス強度（N/mm²）

「ボス供試体による新設の構造体コンクリート強度測定要領（案）2006年5月（09年7月修正）」

アンカー引き抜き試験

●用語の説明

　アンカー引き抜き試験とは、コンクリート中に埋め込まれたボルトなどの鋼材を引き抜く力から、コンクリートのせん断強度を算出し、コンクリートの圧縮強度を推定する方法である。既設構造物の強度推定に際しては、ボルトを埋め込む方法(ポストセット型)が採用される。

埋め込まれたボルトを引き抜く様子

●測定の目的

　コンクリートの圧縮強度は引張強度、曲げ強度、せん断強度との間で高い相関関係を持つ。このため、これらの応力を作用させてコンクリートを局所的に破壊して、その際の耐力からコンクリートの圧縮強度を推定する方法が考案されている。

　新設構造物の施工管理や品質管理では、所定の強度が得られていることを確認する目的で、コンクリートの圧縮強度を推定する。一方、供用中の構造物では、構造体コンクリートの圧縮強度を推定するほか、圧縮強度の低下量から構造物の損傷の程度を把握することを目的として実施する場合もある。

●測定方法

　アンカー引き抜き試験では、コンクリートの硬化後、右ページ上の図に示すような方法でアンカーを設置し、センターホールジャッキでこれを引き抜く。このとき、アンカーの直径は14mm、ドリル刃径は15mm、アンカーの打ち込み深さは35mm程度とする必要がある。コンクリートはほぼ一様な傾き角 $a=71°$ を有する円すい台状に破壊され、円すい台の側面積はほぼ一定となるため、引き抜き強度Fp (N/mm^2) を次式により求めることができる。

　　$Fp=1000×P/A$

　　ここに、P：引き抜き耐力(kN)

　　　　　　$A=28h^2-235h$ (mm^2)

　　　　　　h：アンカー打ち込み深さ(mm)

　　さらに、コンクリートの圧縮強度Fc (N/mm^2) は次式により、推定することができる。

　　$Fc=97Fp-20.5$

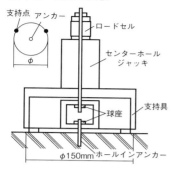

●アンカー引き抜き試験

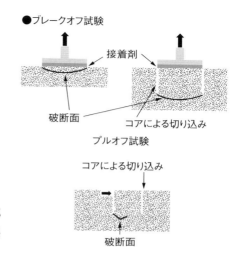

●ブレークオフ試験

　以上により、推定された圧縮強度と当該部位より抜き取ったコアの強度との間の相関係数CR=0.916であり、高い相関関係にあることが確認されている(「ホールインアンカーを用いる引抜き法によるコンクリート強度の推定」、セメント技術年報Vol.35、1981)。

◉各種の強度推定方法

　アンカー引き抜き試験は、プルアウト法のうち、ポストセット型に分類される。ポストセット型のほかに、コンクリート硬化前に設置した埋め込み具の引き抜

名称	利用する相関関係
プルアウト法	せん断強度
プルオフ法	引張断強度
ブレークオフ法	曲げ強度

き耐力からコンクリートの圧縮強度を推定する方法(プレセット型)があるが、この方法は、吹き付けコンクリートの初期強度判定法としてよく利用されており、「引抜き方法による吹付けコンクリートの初期強度試験方法(案)(JSCE-G 561-2010) 」が基準化されている。

　プルアウト法と同種の試験方法には、表に示すプルオフ法、ブレークオフ法などがある。

　プルオフ法は、接着剤で金属板をコンクリート表面に接着し、コンクリートの引張強度から圧縮強度を推定する方法で、コア削孔を併用する場合と併用しない場合がある。

　ブレークオフ法は、コンクリート表面にコアスリットを設け、横方向に力を加えて、コア底部が曲げ破壊するときの耐力からコンクリート圧縮強度を推定する方法である。

◉測定上の留意点

　アンカー引き抜き試験をはじめとする局部破壊による圧縮強度推定は、コンクリートの配合のうち、粗骨材最大寸法や粗骨材の割合の影響を強く受ける。また、アンカー孔やコアの切削深さを一定とすることは試験精度を確保するための必要条件となる。これらが適切に実施された場合、構造体表層の強度の概略値が推定可能となる。

変状調査

●用語の説明

変状とは「普通とは異なる状態。以前とは違う状態」のことで、変状調査とは、コンクリート構造物の欠陥や劣化の兆候、変形現象を把握する調査であって、その後の評価・判定の基礎資料となる重要な調査である。

●調査の目的

変状を生じたコンクリート構造物とは、初期欠陥や経年変化により、通常とは異なる外観や性能を示している構造物で、コンクリート構造物の変状は、初期欠陥、経年変化、構造的変状に大別される。コンクリート構造物を適切に管理し、その機能を供用期間のすべてにわたって健全に維持していくためには、構造物に生じている変状をできるだけ早い段階で把握し、適切に対応することが必要である。

●時期や構造別にみた変状の例

分類	主な変状現象
初期欠陥	豆板、コールドジョイント、内部欠陥、砂すじ、表面気泡（あばた）
経年変化	ひび割れ・浮き・剥落、さび汁、エフロレッセンス、汚れ（変色）、すりへり
構造的変状	たわみ、変形、振動

●初期の変状と留意点

初期欠陥に分類される変状には、ひび割れ、豆板、コールドジョイント、内部欠陥、砂すじ、表面気泡（あばた）などがある。初期欠陥が存在する場合、水や二酸化炭素、塩分などコンクリート構造物の劣化を促進する因子がコンクリート内部に浸入しやすくなり、コンクリート構造物の耐久性を早期に低下させることがある。このため、主に目視による変状調

ボックスカルバートに生じた白色析出物

道路境界ブロックのスケーリング

査を実施して、コンクリート打設後のできるだけ早い段階でこれらを発見することが重要となる。

●経年変化による変状と留意点

経年変化に類する変状としては、ひび割れ、浮き、剥落、さび汁、エフロレッセンス、汚れ（変色）、すりへりなどがある。

浮き、剥落や鉄筋位置に発生するひび割れは「鉄筋腐食先行型」のひび割れで、構造物の耐久性に支配的な影響を及ぼす場合が多い。また、さび汁が確認された場合にはさびがどこで発生しているのかを確認する必要がある。さび汁があるということは、鉄筋位置に水が供給されていることを示すもので、構造物の排水や水対策に問題がある可能性が高いことを示しているためである。なお、まれに骨材に含まれる鉄（黄鉄鉱）に起因するさび汁もある。

エフロレッセンスの発生にも水の存在が関わっているが、アルカリシリカ反応の場合にも類似の析出物が確認されることがある。また、コンクリートの変色は、付着物のほか、中性化、塩害、アルカリシリカ反応、化学的腐食、火害などに起因することがある。

すりへりの原因としては、車両や人の通行のほか、砂れきなどの摩耗作用、キャビテーションなどがある。またスケーリングは凍結融解作用の初期によく見られる現象であるが、すりへりと同様、粗骨材が露出した状況を呈する。

経年変化に類する変状の調査も主に目視による調査や関係資料の確認が主となるが、同時に環境・供用条件についての情報も収集することが重要である。

●構造的変状と留意点

構造的変状としては、たわみ、変形、振動などがある。これらの変状は構造物の耐荷性能に直結するため、非常に重要であるが、軽微な場合や正確に調査・測定する場合には、載荷試験などを実施して、確認することが必要となる。

●対応方法

変状調査で、何らかの変状が確認された場合、発見された事象が問題となる変状であるか否かを判断するとともに、変状の原因や進行速度を推定し、対策の要否を判断したうえで、必要であれば具体的な対策を検討することとなる。多くの場合はこれらを的確に判断するための詳細調査が必要となる。詳細調査内容は、変状調査の結果に基づいて計画されることから、変状調査は事後の対策・判定の基礎資料となる重要な調査と言える。

中性化深さ

◉用語の説明

　表面から計測したコンクリートが中性化した層の厚さ。

　フレッシュコンクリートは、セメントの水和によって生じる水酸化カルシウムの存在により pH13程度の強アルカリ性を示す。その水酸化カルシウムが、年月の経過で空気中の二酸化炭素などの作用を受け、炭酸カルシウムに変化し、表層部から内部へと中性化が徐々に進行する。中性化は水酸化カルシウムの炭酸化によって生じる現象である。

◉調査・測定の目的

　コンクリート内部の鉄筋は腐食せず不動態皮膜で保護されている。中性化深さが鉄筋位置の10mm程度手前(中性化残り)に達すると、防錆機能が失われ始め、鉄筋が腐食を開始する。塩分を含むコンクリートの中性化残りは約20mm。鉄筋の腐食が進むと、体積膨張した水酸化鉄(さび)によりコンクリートにひび割れや剥離を引き起こしたり、鋼材の断面減少で構造物の性能が低下して所定の機能を果たせなくなる。

　コンクリートの中性化深さは、鉄筋の腐食開始時期を判定できるため、鉄筋コンクリート構造物の耐久性を評価する重要な指標の一つとなっている。

◉調査・測定手法

(1) 調査手法:はつり法、コア法、ドリル法がある。
(2) 測定方法:フェノールフタレイン法(JIS A 1152)、示差熱重量分析による方法(水酸化カルシウムと炭酸カルシウム量を把握する)、X線回折装置・X線マイクロアナライザー

中性化深さの測定状況(4ページ参照)

構造部材のはつり箇所における
中性化深さの測定状況

装置による方法がある。

JIS A 1152に基づく中性化深さの測定方法の要点は以下のとおり。

・試薬は、フェノールフタレインの1%エタノール溶液（JIS K 8001）。
・深さ測定は、ノギスまたは金尺で0.5mmまで読み取る。平均値を四捨五入し小数点以下1桁で表示する。
・コアの割裂面や切断面を測定する場合は、10～15mm間隔で5カ所以上測定する。
・はつり法は、鉄筋の腐食状態の観察を同時に行うことが多い。
・コア法は、圧縮強度試験と塩化物イオン含有量試験を合わせて行うことが多い。

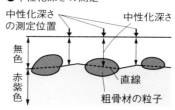

●中性化深さの測定

◉判定方法

　赤紫色に変色した部分は、pH8～pH10以上のアルカリ性で、中性化していない。表面から赤紫色の層までの厚さが中性化深さとなる。中性化深さCと時間tとの関係は、次の一般式で表せる。

　　中性化速度式　$C = A\sqrt{t}$

　　C：中性化深さ(mm)、A：中性化速度係数、t：経過時間(年)

　中性化速度係数Aは、中性化のしやすさを表す指標で、コンクリートの種類や配合（調合）などの要因によって決まる。通常、中性化深さの実測値から逆算して係数Aを求める。

◉調査・測定上の留意点

・測定面がぬれている場合は、自然乾燥かドライヤーなどで乾燥させる。
・直ちに測定できない場合は、ラッピングフィルムなどで測定面を密封する。
・コンクリートが乾燥して赤紫色の呈色が不鮮明な場合は、試薬を再度噴霧して、鮮明な発色が得られてから測定する。
・コアは割裂した面で測定する。
・はつり法の測定では、はつり完了後にコンクリート表面に付着した粉じんをブロアなどによって除去する。
・屋内の場合は、中性化領域がかぶり厚さよりも20～30mm通り過ぎた時点で鉄筋が腐食を開始する。

関連する用語
不動態皮膜：鉄筋の表面に酸素が化学吸着して生じた厚さ3nm程度の緻密な酸化物層
中性化残り：鉄筋のかぶり厚さと中性化深さとの差
水酸化鉄：水の存在下での鉄の自然酸化によって生じる物質（赤さび）
呈色：発色ともいう。色が現れること

中性化速度式

●用語の説明

中性化速度式とは、コンクリートの供用年数と中性化深さの関係、すなわち中性化速度を定式化したもので、通常 $\sqrt{t}$ 則で表される。中性化残りとは、かぶり厚さとコンクリートの中性化深さとの差で、「30塩分濃縮」(72ページ参照) で説明したように、コンクリートの中性化の進行に伴い、コンクリート中の塩化物イオンが濃縮することが明らかとなったことから着目されるようになった概念である。

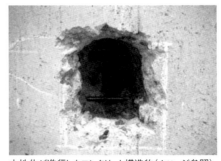

中性化が進行したコンクリート構造物(4ページ参照)

●コンクリートの中性化と測定の目的

コンクリートの中性化はコンクリートに宿命的な経年変化の一つで、大気中の二酸化炭素がコンクリート表面から浸入し、セメント水和物と反応することによって細孔溶液中のpHが低下する現象である。コンクリート内部はその硬化過程において生成される水酸化カルシウム($Ca(OH)_2$)により、強いアルカリ性(pH12 〜 13)に保たれていて、コンクリート中の鉄筋表面には不動態皮膜が形成され、非常にさびにくい環境となっている。しかしながら、コンクリートの中性化が進行すると鉄筋表面の不動態皮膜が破壊され、鉄筋がさびやすい環境となる。

中性化速度の算定や中性化残りを測定すれば、コンクリート構造物全体としての耐久性を評価することができる。

●中性化深さ、中性化残りの測定

コンクリートの中性化深さCは、いわゆる $\sqrt{t}$ 則に従い、

$$C = k\sqrt{t}$$

で表されることが知られている。ここで、k：中性化速度係数、t：供用年数である。中性化深さの予測式としては、浜田式、岸谷式、白山式、依田式などがあるが、いずれも $\sqrt{t}$ 則に基づいて各種要因の影響を定式化したものである。

この式から明らかなように、供用年数t_0のコンクリート構造物の中性化深さ$C(t_0)$を測定すれば、中性化速度係数kを得ることができる。次に、tに$t_0 < t_1$の任意の年数t_1を代入す

れば、将来(供用年数t_1)における中性化深さ$C(t_1)$を推定することができる。

　中性化残りは、かぶり厚さと中性化深さの測定結果の差である。中性化深さは、1%フェノールフタレイン溶液による変色域を測定すればよい。

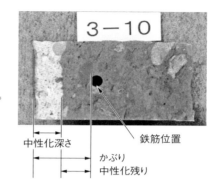

中性化深さ　　　鉄筋位置
　　　　　　かぶり
　　　　　　中性化残り

◉中性化速度に影響を及ぼす要因

　コンクリートの中性化速度に影響を及ぼす特徴的な要因とその影響を列挙すれば、以下のようになる。

(1)湿度：湿度が低いほど中性化速度は増加するが、極端な乾燥状態では中性化はほとんど進行しなくなる。

(2)表面仕上げ材：表面仕上げ材が施工されている場合、中性化速度は低下する。

(3)セメントの種類：同一水セメント比で比較した場合には、中性化速度は混合セメントで増加、早強セメントで減少する。ただし、同一強度で比較した場合には、ほとんど差がないとの説もある。

(4)養生：十分な養生を行えば、中性化速度は低下する。

(5)圧縮強度：圧縮強度が高いほど中性化速度は低下する。

(6)水セメント比：水セメント比が低いほど中性化速度は低下する。

●コンクリートの中性化速度の特性要因

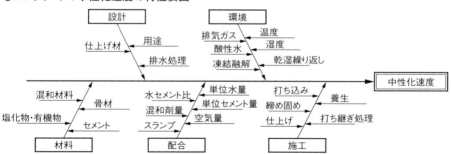

◉中性化残りの設定

　特に塩分環境下にあるコンクリート構造物では、中性化の進行により塩化物イオンが濃縮されることが明らかになったことを受け、コンクリート標準示方書(2002年度版)では、100年を上限とする耐用年数の期間中において、通常環境下では中性化残りが10mmを下回らないよう、塩分環境下では10〜25mmを下回らないようにすることが定められた。

中性化残り

●用語の説明

中性化残りとは、かぶり(厚さ)と中性化深さとの差のことであり、中性化残りが0mmというのは、鉄筋の深さまでのすべての領域において、中性化が進行していることである。

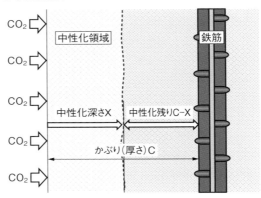

●中性化残り

●鋼材の腐食と中性化残り

フェノールフタレイン法による中性化深さの測定では、pH8.2～10以下の未着色部分が中性化部分と判定される。一方、コンクリート中の鋼材の腐食は、pH11以下で、かつ酸素と水が供給される条件下で開始する。このことから、鋼材が腐食を開始する範囲は、中性化部分より若干内部(深い位置)となる。しかし、既往の実験や多くの構造物の調査により、中性化深さが鋼材の位置に到達する相当前に腐食し始めることが確認されている。

●鋼材腐食の開始

コンクリートの中性化と鋼材腐食の開始の関係は、中性化残りで整理されており、塩化物を含まないコンクリートの場合は約8mm、塩化物を含むコンクリートの場合は約20mmとされている。これは、炭酸化反応によりセメント水和物中に固定されていた硫酸イオンが細孔溶液中に解離することと、さらに、コンクリート中に塩化物イオンがある場合は、その塩化物イオンを固定化していたフリーデル氏塩も炭酸化により塩化物イオンを解離することが原因である。

●pHの低下による不動態皮膜の消失

pHの低下による不動態皮膜の消失は、鉄の腐食反応を起こしやすくする補助的な現象である。酸素と水の存在と、不動態皮膜の破壊が同時に起こってはじめて腐食反応が進行する。このことは、逆に中性化残りが腐食限界値以下であっても、鋼材が腐食しない場合があることを意味する。右図は、pHと鉄の腐食速度の関係であるが、pHがある値以下になると腐食速度が一定となる領域が存在する。従って、腐食速度は、中性化がある程度進行すると、中性化残りの影響が小さくなると考えられている。

●pHと鉄の腐食速度の関係

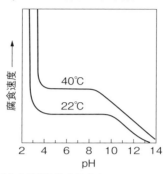

「腐食科学と防食技術」より

●耐久性の照査 (中性化に関する照査：コンクリート標準示方書)

中性化に伴う鋼材腐食に対する照査は原則、中性化深さの設計値y_dの鋼材腐食発生限界深さy_{lim}に対する比に構造物係数γ_iを乗じた値が、1.0以下であると確かめて行う。

$\gamma_i \cdot y_d \diagup y_{lim} \leq 1.0$

ここに、γ_i：構造物係数、一般に、1.0 ～ 1.1としてよい。y_{lim}：鋼材腐食発生限界深さ

$y_{lim} = c_d - c_k$

ここに、c_d：耐久性に関する照査に用いるかぶりの設計値(mm)。施工誤差を考慮する

$c_d = c - \Delta c_e$

c：かぶり(mm)

Δc_e：かぶりの施工誤差(mm)、一般に、柱および橋脚で15mm、はりで10mm、スラブで5mmとしてよい

c_k：中性化残り(mm)、一般に、通常環境下では10mm、塩化物イオンの影響が無視できない環境では10 ～ 25mm

y_d：中性化深さの設計値(mm)

$y_d = \gamma_{cb} \cdot a_d \sqrt{t}$、$a_d = a_k \beta_e \gamma_c$

ここに、a_d：中性化速度係数の設計値(mm/√年)

a_k：中性化速度係数の特性値(mm/√年)

β_e：環境作用の程度を表す係数、一般に1.6

γ_c：コンクリートの材料係数、一般に1.0。ただし、上面の部位に関しては1.3

γ_{cb}：中性化深さの設計値y_dのばらつきを考慮した安全係数、一般に1.15。ただし、高流動コンクリートを用いる場合は1.1

t：中性化に対する耐用年数(年)。一般に、中性化深さに対しては、耐用年数100年を上限とする

塩化物イオン浸透深さ

◉用語の説明

塩化物イオン浸透深さとは、鉄筋腐食を発生させる原因の一つである塩化物イオンが浸透しているコンクリート表面からの深さである。

◉塩化物イオンの浸透メカニズム

コンクリート中への塩化物イオンの浸透は、拡散現象であり、その予測にはフィックの第2法則が適用される。

$$C(x,t) = C_0\left(1 - erf\frac{x}{2\sqrt{Dt}}\right) + C_i$$

ここに、$C(x,t)$ ：深さ x (cm) 地点の経過時間 t (年) における塩化物イオン濃度(kg/m^3)

C_i ：初期混入塩化物イオン濃度(kg/m^3)

C_0 ：表面における塩化物イオン濃度(kg/m^3)

D ：塩化物イオンの見かけの拡散係数(cm^2/年)

erf ：誤差関数

表面における塩化物イオン濃度はコンクリート標準示方書に規定されている。

●表面における塩化物イオン濃度(kg/m^3)

地域		飛沫帯	海岸からの距離(km)				
			汀線	0.1	0.25	0.5	1.0
飛来塩分が多い	北海道、東北、北陸、沖縄	13.0	9.0	4.5	3.0	2.0	1.5
飛来塩分が少ない	関東、東海、近畿、中国、四国、九州		4.5	2.5	2.0	1.5	1.0

また、塩化物イオンの拡散係数と水セメント比の関係は、次式に規定されている。

普通ポルトランドセメントを用いたコンクリートの場合

$\log_{10}D = -3.9\,(W/C)^2 + 7.2\,(W/C) - 2.5$

高炉セメントB種を用いたコンクリートの場合

$\log_{10}D = -3.0\,(W/C)^2 + 5.4\,(W/C) - 2.2$

◉調査・測定の目的

外来塩分によるコンクリート構造物の塩害を調査する際、コンクリート内部のどこまでが発生限界塩化物イオン濃度に達しているかを測定する。

●塩化物イオン浸透深さ

●微細ひび割れ領域の塩化物イオン浸透状況

塩化物イオン浸透深さ

◉測定方法

　NDIS3437に基づき、コンクリートのはつり面、割裂面あるいはコア採取後の面に、0.1mol/lの硝酸銀水溶液を噴霧し、コンクリート表面から変色境界までの深さを測定する。

◉判定方法

　塩化物イオン浸透部では硝酸銀により塩化銀(白色沈殿物)を生成し、未浸透部では水酸化物イオンと反応して酸化銀(褐色沈殿物)を生成する。この変色境界によって、塩化物イオン浸透深さを判定する。

$$Cl^- + Ag^+ \quad \rightarrow \quad AgCl \quad (白色沈殿物)$$

　ここで、変色境界の示す塩化物イオン濃度は、可溶性塩化物イオンでセメント質量当たり0.15wt%程度である。また、噴霧直後にドライヤーなどで水分を蒸発させると、変色境界は見やすくなる。

●コンクリート表面からの深さと塩化物イオン濃度の関係

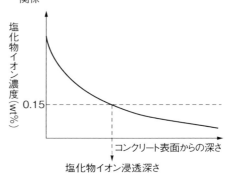

塩化物イオン浸透深さ

◉測定上の留意点

　本方法は簡便な測定方法であり、厳密な塩化物イオン含有量を知ることはできない。

ひび割れ調査

●用語の説明

　ひび割れ調査とは、コンクリート構造物に生じていたひび割れに関する種々の情報を収集し、整理する調査である。コンクリート構造物の点検や詳細調査に先立って行われる標準的な調査では、最も基本的な調査と言える。

マーキングしてひび割れ調査をしている様子

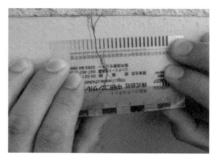

ひび割れ幅はクラックスケールを当てて測定する

●測定方法

　コンクリート構造物のひび割れ調査は、ひび割れの原因推定、部材や構造物の健全性評価、さらには補修・補強の要否の判断の基礎資料を得ることを目的として実施する。

　「コンクリートのひび割れ調査、補修・補強指針－2009」では、ひび割れが確認された場合、まずひび割れの原因推定のための標準調査を実施し、標準調査のみでは原因の推定ができない場合、詳細調査を実施することとしている。

　標準調査は資料調査および構造物の外観調査から成り、資料調査には、設計図書、施工記録、過去の補修工事などの履歴、荷重条件、気象・海象条件、立地条件、地盤条件の調査が含まれる。また、外観調査では、ひび割れの現況(幅、長さ、総延長、発生位置、範囲、パターン、貫通・段差の有無など)、ひび割れ以外の変状(剥離・剥落、豆板、ポップアウト、エフロレッセンス、乾湿の状態など)、ひび割れに伴う不具合(漏水、さび、たわみ、変色ほか)、異常感・振動の有無などを調査することとしている。これらの調査結果をもとに、ひび割れの原因を材料、施工、使用環境、外力の4項目におおよそ判別したうえで、右ページの表に示すようなひび割れのパターン、コンクリートの変形の種類、配合(調合)、気象条件の4項ごとに、可能性のある原因を抽出し、共通の原因が検出された場合にその原因がひび割れの主原因と推定できるとしている。このとき、区別のつかない項や不明な情報

●ひび割れの調査結果の例

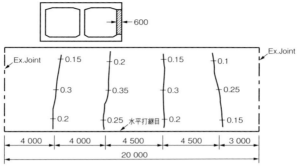

ほぼ等間隔であることなどから、外部拘束によるひび割れであると推定できる

が含まれている項については、可能性の否定できないすべての原因を対象として、推定を進める。この標準調査だけでは原因が推定できない場合に、詳細調査を行う。

分類項目		分類の基準		
ひび割れの パターン	発生時期	数時間～1日	数日	数十日以上
	規則性	有	無	——
	形態	網目状	表層	貫通
コンクリートの 変形の種類	コンクリートの変形要因	収縮性	膨張性	沈下・曲げ・せん断
	ひび割れに関係する範囲	材料	部材	構造体
コンクリートの配合(調合)		富配合(調合)	貧配合(調合)	——
気象条件		高温	低温	低湿

◉留意事項

　ひび割れ調査では、目視調査やデジタル画像法などにより、コンクリート構造物に生じているひび割れを調査する。このとき、ひび割れ幅や長さ、浮きや漏水の有無、段差があるかないかなど、単独のひび割れに関する情報だけではなく、発生部位や規則性、貫通ひび割れか否か、鉄筋との位置関係、発生時期などの情報、さらには設計図書、構造物のおかれている環境条件や供用条件、施工時の状況、コンクリートの配合(調合)、使用材料などの関連情報も可能な範囲で併せて収集・整理することが大切である。

　これは、コンクリート構造物には、多数の原因でひび割れが生じるが、原因ごとに発生時期、規則性、形態などに何らかの特徴がある場合がほとんどで、これらの情報を的確に含むひび割れ調査を実施すれば、その調査のみでひび割れの原因が特定できる場合が多いことによる。

　また、ひび割れは徐々に進行したり、季節ごとに変動したりすることがあるため、確認されたひび割れについては、継続して観察する必要がある。そのためにもひび割れ調査の結果は、構造図などにコンパクトに反映しておくのがよい。

空洞調査

●用語の説明

空洞調査とは、構造物内部の豆板や水平ひび割れ、グラウト未充填部、構造物背面などの空洞を対象とした調査である。

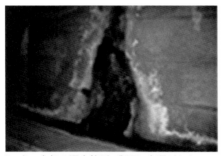
トンネル内部の漏水箇所。背面に空洞がある

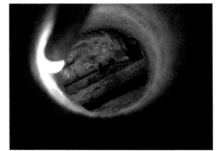
PCグラウトの未充填部。PC鋼材が直接確認できる

●調査の目的

コンクリート構造物内部の空洞調査は、構造物の安全性や耐久性、さらに漏水の影響を把握するために行われる。例えばPC構造物の場合、グラウト未充填部の状況や、PC鋼材の腐食や緊張状況などの確認を目的として、空洞調査が実施される。

一方、構造物背面の空洞は、トンネル背面の空洞に代表されるような地中構造物背面の空洞であり、空洞の有無を確認するよりはむしろ、その大きさや漏水の程度など、構造物全般の耐久性に及ぼす影響を特定したり、具体的な対応方法を検討するための情報を得ることを目的とする場合が多い。

●空洞調査の方法

空洞調査では、コンクリート構造物の内部空隙や構造物背面の空隙をビデオ撮影可能なファイバースコープにより観察する。以下では、コンクリート構造物内部の空洞調査として、ポストテンションPC構造物のグラウト不良部の観察とトンネル覆工背面の空洞調査について説明する。

ポストテンションPC構造物のグラウト未充填部に水が浸入し、鋼材にさびが生じ、さび汁などの変状が見つかって、グラウト不良を調査することは多い。コア削孔に先立ち、電磁波レーダー法や衝撃弾性波法、

外観変状の発見
↓
非破壊検査
↓
コア削孔
↓
空洞調査
↓
グラウト再注入

X線透過撮影法などの非破壊試験を実施して、グラウト未充填箇所を特定する。その後、コア削孔して、ファイバースコープによる確認作業を実施する。

グラウト未充填箇所が特定された場合、最終的にグラウトの再充填が必要となるが、空洞調査のためのコア削孔も注入孔の一部として利用することができる。再充填作業終了後、再度X線撮影などを実施して、当該箇所にグラウトが充填されていることを確認する。

トンネル覆工背面の空洞箇所は、内面への漏水が生じている場合には、比較的特定しやすい。しかしながら、漏水が生じていない場合には、たたき点検や電磁波レーダー法、赤外線サーモグラフィー法などにより、背面に空洞が存在する箇所を測定し、削孔することとなる。トンネル覆工背面の場合にも、調査後に空洞を充填する場合、コア削孔を注入孔として利用することができる。

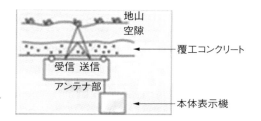

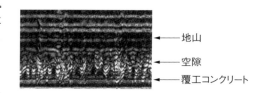

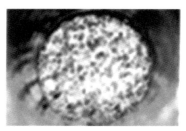

空洞調査では、まず各種の非破壊試験により空洞の発生位置を特定してから、ファイバースコープなどによる確認を行う

●調査・測定上の留意事項

構造物内部、背面を問わず、空洞調査の最大の特徴は、空洞内部の状況を直接確認可能なことである。例えば、ポストテンションPC構造物の場合であれば、グラウトの充填状況のみならず、PC鋼材の腐食状況や緊張状況などを確認することができる。

一方、トンネル構造物の場合、地山と構造物とが一体となって、構造物の安定性を保持する機構となっているため、構造物全体の健全性を評価するうえで、覆工背面の空洞状況の確認、例えば、空洞の大きさや湧水の状況などを確認することは非常に重要である。

電磁誘導法

●用語の説明

電磁誘導法とは、電磁誘導現象を利用してコンクリート中の鉄筋に関する情報(平面的な位置や深さ、鉄筋径など)を得るコンクリート中の鉄筋探査法の一つである。

●鉄筋探査の目的と適用箇所

鉄筋探査は、コンクリート中の鉄筋の位置、径、かぶり厚さを明らかにすることを目的とする。例えば構造物からコア供試体を採取する場合やひび割れと鉄筋との位置関係を明らかにする場合、中性化深さや塩分浸透量と鉄筋との位置関係を把握して鉄筋の発錆状況を推察する場合や、竣工後の配筋検査などで実施されている。

●その他の鉄筋探査法と電磁誘導法

コンクリート中の鉄筋位置を特定する方法としては、電磁誘導法のほか、電磁波レーダー法、X線透過撮影法、超音波法の一部機種などがあるが、広く利用されている方法は、電磁波レーダー法と電磁誘導法の2種類である。電磁誘導法は、電磁波レーダー法に比べて、鉄筋径の推定が可能で、コンクリート中に空隙や豆板などがあっても鉄筋位置の推定が可能であるなどの特徴を持つ。

●測定原理

電磁誘導法による鉄筋探査機では、図に示すように、プローブ内に配置された励磁コイルに交流電流(1〜数十キロヘルツ程度)を流し、1次磁場を発生させる。この電磁場内に磁性体がある場合、磁性体の表面に渦電流が流れ、2次磁場が発生、磁場が変化する。

磁場の変化により、プローブ内の検出コイルに電流が流れ、コイル電圧が変化する。励磁

●電磁誘導法の原理

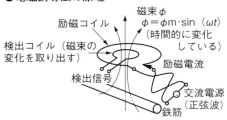

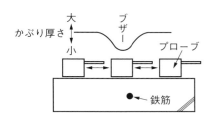

電磁誘導法による鉄筋探査機の例

鉄筋探査状況

コイルにより発生させる1次磁場の強さが一定であれば、磁場の変化は、磁性体とプローブ（励磁コイル）との距離や磁性体の大きさに左右される。鉄筋は軟鋼材であるため、電圧の変化が最大となる位置に鉄筋があることとなる。また、かぶり厚の測定は、磁性体の大きさ＝鉄筋径が既知の場合に、逆に鉄筋径の測定はプローブと磁性体との距離＝かぶり厚が既知の場合に基本的に可能となる。最近では、構造物表面を走査した際の信号波形を電子回路的に処理したり、複数のコイルを組み合わせることによって、かぶり厚と鉄筋径の検出精度を向上させた機種も実用化されている。

◉測定上の留意事項

(1)電磁誘導法では、かぶり厚が比較的小さい場合、電磁波レーダー法に比べて、高い精度で鉄筋位置およびかぶり厚を測定できる。下の図は、電磁波レーダーと電磁誘導法によるかぶり厚さの測定精度を示したもので、丸で囲んだ部分のプロットは、電磁誘導法によるかぶり厚さの測定結果を示している。電磁誘導法では70mm程度以下の場合、比較的精度よくかぶり厚を推定できていることが分かる。

(2)励磁コイルが発生させる磁場は距離減衰が大きいので、かぶり厚の増加とともに、信号は急速に減衰し、測定精度も低下する。適用可能なかぶり厚さは最大150mm程度と言われているが、実用上は100mm程度である。

(3)配筋が密な場合には、近接鉄筋の影響を受けて測定精度が低下する。精度よく鉄筋位置を特定するためには、かぶり厚の1〜2倍程度の鉄筋間隔が必要である。

(4)電磁誘導を利用しているため、鉄分を多く含む骨材が使用されているコンクリートや鋼繊維補強コンクリートには適用できない。

(5)コンクリート中に鉄筋以外の磁性体、例えば、鋼管や鉄線、ボルトなどが含まれている場合、鉄筋の場合と同様の信号を発生する。

●かぶりの測定結果

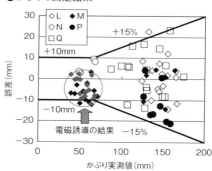

丸で囲んであるのは電磁誘導で測定した結果。
「建設マネジメント技術2007年6月号29ページ」

漏洩磁束法

●用語の説明

　漏洩磁束法とは、磁性体であるPC鋼材や鉄筋(以下、鋼材と総称する)に磁束を与え、鋼材の破断位置で磁束密度波形が乱れることを利用して、鋼材の破断を検出する非破壊検査法である。

PC鋼材の破断状況例

アルカリ骨材反応による鉄筋の破断状況例

●調査・測定の目的

　ポストテンションのPC構造物では、グラウト不良に起因する鋼材腐食や水素脆化などにより、シース内のPC鋼材が破断する恐れがある。また、アルカリシリカ反応(ASR)が生じたコンクリート構造物では、鉄筋が部分的に破断する事例も報告されている。PC鋼材や鉄筋の破断は、早期にこれを検出し、適切な対策を講じることが必要である。

　漏洩磁束法は、鋼材が強磁性体であることを利用して、鋼材の破断を検出することを目的とした非破壊検査法である。

●調査・測定手法

　漏洩磁束法は、鋼材が強磁性体、コンクリートがほぼ非磁性体であることに着目した検査方法である。測定では、永久磁石が内蔵された磁石ユニットで、検査する鋼材を長手方向に着磁する。次いで磁気計測ユニットを用いて、鋼材に垂直な磁束密度と移動距離を測定し、磁束密度分布波形を得る。

　この時、鋼材が破断していなければ、鋼材の着磁範囲のほぼ両端がS極、N極となるため、磁束密度分布波形は、測定範囲でほぼ一定となる。一方、鋼材が破断している場合、破断箇所でS極、N極が現れるため、磁束密度波形は、破断箇所の前後でS極、N極のピ

ークを持つ、S型の曲線となる。

　測定結果例に示すように、磁束密度波形は、いずれの鋼材ともスターラップの影響により、小さく振動しつつ右肩上がりとなっている。しかし、右下図の「鋼材3」では、約1900mmの位置に上に凸の、約2050mmに位置に下に凸の連続したピークを持つ波形となっているため、ほぼ2000mmの位置で破断していると判定することができる。

磁石ユニットによる着磁の状況

磁気計測ユニットによる計測の状況

●着磁後の磁力線のイメージ

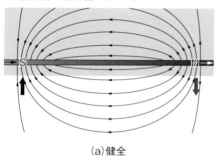

（a）健全　　　　　　　　　　　　　　　　　　（b）破断

●測定原理の概念図

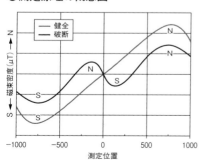

●実際の測定結果例

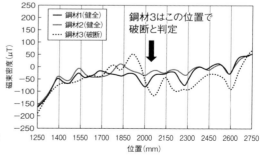

電磁波レーダー法

●用語の説明

電磁波レーダー法は、航空用、船舶用、気象用など、様々な分野で利用されているレーダーによる探査法をコンクリート内部や構造物背面の探査に応用した非破壊試験法である。

電磁波レーダー法では、コンクリート中の鉄筋の位置やかぶり厚さ、内部空隙や異物の有無とその位置、コンクリート背面の空洞などに関する情報を得ることができる。

●電磁波レーダー法の測定原理

電磁波は媒体が気体や非導電性の液体や固体の場合、媒体を透過し、媒体に固有の速度で直進する。この過程で別の物体(被測定物)に到達すると、その電気的性質(比誘電率、導電率)に応じて反射あるいは透過する。被測定物の比誘電率が無限大の金属の場合、電磁波は金属を透過せず、金属の表面ですべて反射する。逆に、比誘電率が小さい(砂岩の比誘電率は6、コンクリートの比誘電率は4〜20)場合は、そのほとんどが透過する。電磁波レーダー法では、この反射波の到達時間や位相、強度から、鉄筋などの位置や測定対象の誘電率などを判定する。

●電磁波レーダー法による鉄筋探査方法

電磁波レーダー法では、通常、送信装置(送信器、送信アンテナ)と受信装置(受信アンテナ、受信器)が組み込まれた測定器を用い、測定対象の表面を走査する。走査の方法としては、手で走査するほかに、台車や自動車に組み込んで走査する方法などがある。

一般的にコンクリート内部や構造物背面の探査には、コンクリート中を伝播する際の減衰などを考慮して、200MHz〜2GHz程度の電磁波レーダーが使われている。

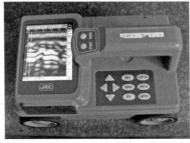

電磁波レーダー法の測定に用いる装置の例

コンクリート表面の走査状況

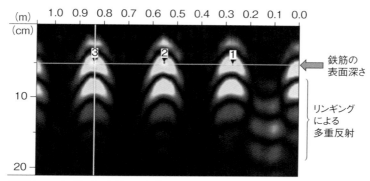

電磁波レーダー法の測定結果の例（4ページ参照）

　上の画像は構造物の配筋状態を電磁波レーダー法で測定した結果の例で、反射波形を距離方向に合成した構造物の垂直断面を表示している。画面上の山なりの画像が鉄筋からの反射画像を示しているが、山なりの下に同様の形の画像が重なっている。これはリンギングと呼ばれる多重反射による画像であって、実際の鉄筋を示すものではない。

　実際に電磁波レーダー法により鉄筋探査を行う場合、このリンギングや山なりの画像の重なりから鉄筋位置を正確に判別するためには、反射波形を直接読み取るなどの熟練が必要となる。

●調査・測定の留意点

　電磁波レーダー法は、取り扱いが簡単、空隙や塩ビ管などの非磁性体でも測定が可能、所有や取り扱いにおいて特別な届け出が不要などの特徴を有している。

　適用上の留意点を以下に示す。

(1) 電磁波の速度は媒体の比誘電率の関数となるが、コンクリートの比誘電率は含水率による影響が大きく、計測が不可であったり、精度が一定しないことがある。

(2) 使用する電磁波の周波数によって、検出できる埋設物や空隙の深さや大きさが異なる。通常、鉄筋探査には1〜2GHz程度の周波数を利用した電磁波レーダーが、トンネル覆工背面の空洞調査には200MHz〜数百メガヘルツ程度の電磁波レーダーが使用される。

(3) 計測されたデータからその形状や材質を判定することはできず、比誘電率から材質を推定する必要がある。

(4) 鉄筋探査を行う場合、径の大きな鉄筋ほど深い位置まで探査が可能で、かぶり厚さが薄いほど測定精度は高くなる。ただし、かぶりが配筋ピッチ以上である場合やダブル配筋、千鳥配筋の場合は精度が低下する。

(5) 技術者の技量や経験により、測定精度が左右されることがある。

X線透過撮影法

●用語の説明

　X線透過撮影法とは、工業、医療の両分野で幅広く用いられているX線透過撮影法をコンクリート構造物の非破壊試験に応用した技術で、構造物内部の鉄筋や埋設物、ひび割れなどの状況を透過写真で確認できる。なお、透過撮影に用いる線源として、ガンマ線（イリジウム192やコバルト60）が用いられることもあり、これらを包括して放射線透過撮影法と呼ぶ。

●調査方法

　コンクリート構造物を撮影する場合、コンクリート構造物の片側にX線発生装置（下の写真）を配置し、反対側にX線フィルムを躯体面に密着させて、透過写真を撮影する。撮影の際は、コンクリートの厚さに応じてX線強度や照射時間を検討する必要がある。

　調査結果は、右ページ上にあるように透過写真として得られる。透過写真では、鉄筋などの埋設物や内部空隙などの欠陥は、X線の透過量の違いにより、色の濃淡として表示される。すなわち、鉄筋などによりX線が遮蔽された部分は周囲よりも明るく、内部空隙が存在して、X線の透過量が周囲よりも多い部分は黒く表示される。なお、X線は広がりながら、コンクリート中を透過するため、透過写真は点光源で写し出される投影図のような二次元画像となる。このため、鉄筋や欠陥などの大きさはX線源からの距離で異なり、同じ太さの鉄筋でもX線源に近いものは遠いものよりも太く表現され、位置関係もずれることになる。

●X線透過撮影法による版厚などの推定

　測定対象の版厚や鉄筋位置は、右ページの図のように相似則によって特定することができるが、鉄筋位置、かぶりの測定精度は高いとは言えない。

X線発生装置の例。下方に向けてX線を照射する

版厚tは、二つの標点(A_1、A_2)を間隔mで躯体表面に配置し、表面からhの距離にある線源(S)を用いて透過写真を撮影する。透過写真上で標点像(B_1、B_2)の間隔m′を測定し、$\triangle SA_1A_2 \infty \triangle SB_1B_2$、$h/m = (h+t)/m′$ より、版厚tが求まる。

かぶりxは、表面からhの距離にある間隔sの二つの線源(S_1、S_2)により、それぞれ撮影された2枚の透過写真上で鉄筋の撮像点(R_1、R_2)間の距離aを測定する。

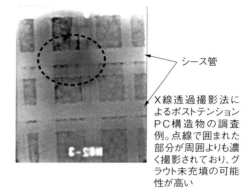

シース管

X線透過撮影法によるポストテンションPC構造物の調査例。点線で囲まれた部分が周囲よりも濃く撮影されており、グラウト未充塡の可能性が高い

$\triangle RS_1S_2 \infty \triangle RR_1R_2$、$(h+x)/s = (t-x)/a$　　より、かぶりxが求まる。

鉄筋位置yは、標点(A)を設置し、表面からhの距離にある線源(S)により、撮影された透過写真上で鉄筋の撮像点(R2)と標点像(B)間の距離bを測定する。$\triangle SCR \infty \triangle SBR_2$、$(h+x)/y = (t+h)/b$　　より、鉄筋位置yが求まる。

●版厚などを推定できる理由の説明図

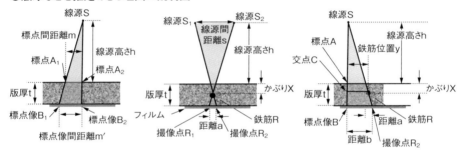

◉測定上の留意事項

X線透過撮影法の適用限界は、普通強度のコンクリートの場合で、厚さ400 ～ 450mm程度とされている。高強度コンクリートの場合は、その密度が高くなれば限界厚さは減少する。高エネルギーのX線やガンマ線を用いれば厚さ1mを超す躯体を撮影することも可能であるが、放射線防護が必要となるため、現場で使用可能な装置は、1MeV以下の低エネルギーX線装置に限定されている。さらに透過法であることから、躯体の両面に装置とフィルムを配置するための空間が必要で、X線透過撮影法はこの点からも制約を受ける。

X線CT法

●用語の説明

　X線CT法は非破壊で試料のX線吸収量の分布を三次元で取得して、任意断面の画像や三次元画像を取得できる手法である。

●測定原理と装置

　測定方法は、試料を回転させながらX線を透過させて、X線吸収量の分布データをコンピュータで計算させると、断面画像を取得できる。さらに、複数の断面画像から三次元のデータを構築(MPR)でき、任意断面の画像や三次元画像を取得することができる。

●断面像の取得方法

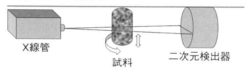

X線管　　試料　　二次元検出器

　測定されたデータはCT値で整理されている。CT値はX線吸収係数の値を空気を−1000、水を0として相対的に示した値。コンクリートはCT値が大きい(密度が大きい)ものを骨材、次いでモルタル、さらに空隙と区分けして各種の評価が行われている。

$$CT値 = \frac{\mu_t - \mu_w}{\mu_w} \times K \qquad \mu_t：X線吸収係数 \qquad \mu_w：水のX線吸収係数 = 1$$

　K：係数(人体・骨材ではK＝1000が一般値)

●コンクリート材料の区分け方法

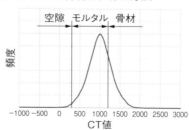

測定装置例　マイクロフォーカスX線CT

［ヤマト科学　三次元計測X線装置TDM3000H-FP］

管電圧範囲：30 ～ 300kV

最小空間分解能：10μm ～

搭載可能試料：Φ300mm×300mm

●得られる情報

　対象物がコンクリートの場合、骨材分布、空隙分布、ひび割れ発生状況、モルタル部のCT値の分布、および変化による変質範囲の情報などが得られる。

●測定例

　具体的な、検討事例としては、下記のような項目について研究報告がある。

(1) 骨材の分布状態から材料分離について検討

(2) ポーラスコンクリートの立体構造

(3) ハンマーによるはつり作業で、コンクリート内部側へ発生するマイクロクラックの発生状況・範囲の特定

(4) 引張力で発生した異形鉄筋周囲のひび割れ発生挙動の評価

(5) 圧縮で発生したひび割れから破壊エネルギーを評価

(6) 配合推定への適用検討

(7) 火害を受けたコンクリートの劣化深さの特定

(8) アルカリシリカ反応による骨材内部のひび割れ観察

(9) 繊維補強コンクリート中の繊維の配向状態確認

●今後の展開

　X線CT法による測定装置では、コントラスト分解能、空間分解能といった面が向上している。試料の測定範囲を広げる測定方法(ヘリカルスキャン、オフセットスキャンなど)も数多く開発されており、広い範囲をより精密に測定できるようになっている。さらに、試料に加熱・冷却・加圧・引張のストレスを与えた状態での測定も可能となっており、今後も様々な項目の研究・検討への適用が期待される。

自然電位法

●用語の説明

　自然電位法とは、鉄筋が腐食することによって変化する鉄筋表面の電位を測定することで、コンクリート中の鉄筋腐食の程度を評価する電気化学的方法である。この方法は、1977年にASTM C 876として規格化された。また、2000年には、我が国でも土木学会基準(JSCE-E601)として規格化された。

自然電位の測定の例

●調査・測定の目的

　自然電位法は、コンクリート構造物内で、鉄筋腐食の可能性が高い箇所を見つけ出すために用いられる。この方法によれば、鉄筋腐食によりコンクリートのひび割れや剥離が発生する前に、腐食劣化の部位を把握することができる。

●調査・測定手法

　鉄筋が腐食する場合、電子が鉄筋内を移動し電流が流れる。鉄筋の腐食が進行中であれば、アノード部は負に帯電し、電位は卑(負)の方向に変化する。自然電位法は、このような電位の変化を指標として鉄筋腐食の程度を評価するものである。右図に示すとおり、コンクリート表面に照合電極を接触させ、電位の基準となる照合電極と電位差計を用いて、対象部位におけるコンクリート内部の鉄筋電位を計測する。

●自然電位法

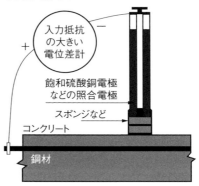

入力抵抗の大きい電位差計

飽和硫酸銅電極などの照合電極

スポンジなど

コンクリート

鋼材

●判定方法

コンクリート中の鉄筋の自然電位測定には、銅硫酸銅電極、銀塩化銀電極、鉛電極およびカロメル電極などの照合電極が用いられる。これら照合電極の標準水素電極に対する電位を下の表に示す。

●一般的な照合電極の電位（標準水素電極基準）

照合電極の種類	略称	電位(V)
銅硫酸銅電極（飽和）	CSE	$+0.316+0.00090(t-25)$
銀塩化銀電極（飽和）	Ag/AgCl	$+0.196-0.00110(t-25)$
鉛電極	PRE	$-0.483+0.00024(t-25)$
カロメル電極（飽和）	SCE	$+0.242-0.00076(t-25)$

電位の欄で、−および＋の符号の付いた項は温度補正係数。tは測定時の温度(℃)

測定結果は、測定対象部材中の各測定値の分布状態が理解しやすいように、等電位線図などによって整理する。等電位線図は、図面上に電位の等しい地点のコンターを描いたもので、得られた電位マップから鉄筋の腐食部と健全部を区分するために利用する。

自然電位の代表的な判定基準は、ASTM C 876に示されている。

●ASTM C 876による鉄筋腐食性評価

自然電位(V vs CSE)	鉄筋腐食の可能性
$-0.20<E$	90%以上の確率で腐食なし
$-0.35<E≦-0.20$	不確定
$E≦-0.35$	90%以上の確率で腐食あり

●調査測定上の留意点

自然電位を測定する場合、次のような限界があることに留意しなければならない。
(1) コンクリート表面が非常に乾燥し電気的に絶縁体に近い場合や、コンクリート表面に塗装などの絶縁材料が被覆されているような場合には適用できない。
(2) 計測対象のコンクリート表面はひび割れや凹凸がなく滑らかでなければならない。
(3) 鉄筋はコンクリートと直接接していなければならない。腐食によるひび割れが進展し、ひび割れ幅が大きくなり、鉄筋がコンクリートと接していないような場合は適用できない。
(4) コンクリート表面が常に水で覆われているような場合には適用できない。
(5) エポキシ樹脂塗装鉄筋や亜鉛めっき鉄筋など、表面が被覆されている鉄筋には適用できない。
(6) 迷走電流が存在しているところや強い磁場が作用しているところでは適用できない。

分極抵抗法

●用語の説明

　分極抵抗法とは、コンクリート表面に当てた外部電極から内部鉄筋に微小な電位差を負荷または微小電流を印加したときに生じる電位変化量または電流変化量から、腐食電流密度と反比例の関係にある分極抵抗を求め、内部鉄筋の腐食速度を推定する電気化学的方法である。

分極抵抗法の測定の様子

●測定の目的

　分極抵抗法では、コンクリート中の鉄筋の腐食速度に関する情報を得ることができる。分極抵抗法は、腐食の可能性を判定できることはもとより、連続測定(モニタリング)することで、腐食速度の時間積分値として腐食量を推定できる可能性を有している。

●測定方法

　コンクリート中の鉄筋表面には、左下図に示す電気的等価回路が適用される。図中のRpが分極抵抗に、Cpが電気二重層のコンデンサーに、Rcがコンクリートの電気抵抗に相当する。交流インピーダンス法では、周波数の異なる交流電圧を負荷(または電流を印加)すると、周波数により電流経路が異なるという回路の電気的特性を利用して分極抵抗を求める。すなわち、コンデンサーがほとんど充電されないくらいの高周波の電流を流すと、Rp

●コンクリート中の鉄筋
表面の電気的等価回路

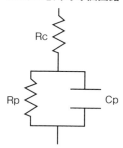

●高低周波数での電流状況

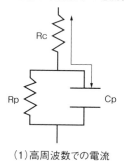

(1)高周波数での電流

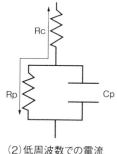

(2)低周波数での電流

●分極抵抗法による測定の概要

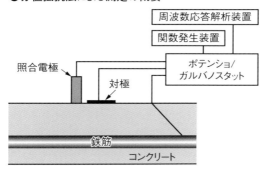

を電流が通過しないのでRcのみが測定される。一方、十分に充電されるくらいの低周波の電流を流すと、コンデンサーを電流は通過できないので、Rp+Rcが測定される。従って、両者の差からRpを求めることができる。

　構造物の表面からコンクリート中の鉄筋の分極抵抗を計測する場合、上図に示す測定方法を取る。これは測定対象である鉄筋と、電位を測定するための照合電極、および電流を流すための対極と、電位や電流を制御・測定するための機器から構成されている。

◉判定方法

　腐食速度は、次式に示すとおり、測定された分極抵抗R_p（単位：Ωcm^2）の逆数に定数Kを乗じて求められる単位面積当たりの腐食電流密度I_{corr}（単位：A/cm^2）で推定される。

$$I_{corr} = K \cdot 1/R_p$$

　この腐食電流密度は、腐食電流がすべて$Fe \rightarrow Fe^{2+} + 2e^-$の反応によると仮定すると、ファラデーの第2法則から、1年当たりの腐食速度に換算できる。

$$100 \mu A/cm^2 \rightarrow 1.2mm/年$$

◉調査測定上の留意点

(1) コンクリート表面が非常に乾燥し電気的に絶縁体に近い場合や、コンクリート表面に塗装などの絶縁材料が被覆されているような場合には、適用できない。
(2) 鉄筋とコンクリートは接していなければならない。すなわち、エポキシ樹脂塗装鉄筋など、表面が被覆されている鉄筋には適用できない。
(3) コンクリート表面が常に水で覆われているような場合には適用できない。
(4) 迷走電流が存在しているところや、強い磁場が作用しているところでは適用できない。

比抵抗法

●用語の説明

比抵抗法とは、かぶりコンクリートの比抵抗を測定することによって、鉄筋の腐食進行のしやすさを評価する電気的方法である。

●測定の原理

比抵抗は、かぶりコンクリートの含水量や塩化物イオン含有量などの影響を包括したような特性値である。ここで、鉄筋の腐食は、アノードとカソード間を腐食電流が流れることで進行する。鉄筋周囲のコンクリートの比抵抗が小さいほど、腐食の進行が速くなる。よって、かぶりコンクリートの比抵抗を測定することで、鉄筋が腐食進行しやすいかどうかの目安が分かる。

●調査・測定手法

かぶりコンクリートの比抵抗を測定する方法として、四プローブ法(Wenner法)と呼ばれる測定方法がある。等間隔aに一列に並べた4本の電極のうち、両端の電極A，D間に周波数10～100Hz程度の交流を流して、その電流量Iと内側の2本の電極B，C間で測定される電位差$\Delta\phi$から、比抵抗(抵抗率ともいう)ρを求める。なお、電極間隔は鉄筋の影響を避けるために、かぶり厚さ以下にすることが望ましい。

また、四プローブ法と同様に、四電極法がある。

$\rho = 2\pi a \Delta\phi / I$

ここに、ρ：コンクリートの比抵抗(Ωcm)

a：電極の間隔(cm)

$\Delta\phi$：電極C-D間の電位差の実測値(V)

I：電極A-B間を流れる全電流(A)

●四プローブ法

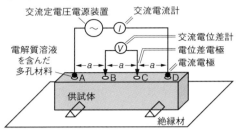

四プローブ法の測定装置

●四電極法

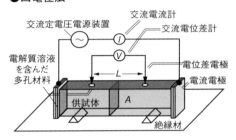

四電極法の測定装置

◉判定方法

比抵抗は、鉄筋の腐食状態を直接評価するものではない。また、判定方法の規定はない。

◉調査測定上の留意点

コンクリート表面において各電極間を短絡するような浮き水があってはならない。すなわちコンクリート表面の湿潤状態の影響が出やすいので注意を要する。

四プローブ法による測定では、電極の間隔や電極先端の湿潤状態の広がり具合などによっては、どのような回路の比抵抗を測定しているかについて保証がない。

腐食面積率

●用語の説明

　腐食面積率とは、コンクリート中の鉄筋を目視で観察し、腐食している面積を、鉄筋の表面積で除した値である。コンクリート中の鉄筋の腐食面積を調べることにより、鉄筋の腐食状態を把握できる。

●測定方法

　コンクリート構造物から取り出した鉄筋に対して、腐食状況を正確に写し取り展開図を作成する。さらに腐食部分の面積をプラニメーターや画像処理装置などにより測定し、鉄筋の表面積で除して腐食面積率を求める。

　セメント協会コンクリート専門委員会報告書(F40)「海砂の塩分含有量とコンクリート中の鉄筋の発錆に関する研究」(1987年8月)、および日本コンクリート工学会「コンクリート構造物の腐食・防食に関する試験方法ならびに規準(案)」(1987年4月)の中の「コンクリート中の鋼材の腐食評価方法」に、調査方法が示されている。

●腐食面積率の測定手順
腐食状況の写し取り

展開図

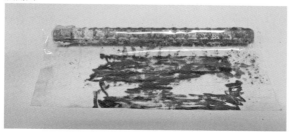

◉判定方法

鉄筋の腐食度を分類した例を示す。

●鉄筋の腐食状況に応じた鉄筋腐食度

鉄筋腐食度	鉄筋の状態
I	黒皮の状態、またはさびは生じていないか全体に薄い緻密なさびであり、コンクリート面にさびが付着していることはない
II	部分的に浮きさびがあるが、小面積の斑点である
III	断面欠損は目視観察では認められないが、鉄筋の周囲または全長にわたって浮きさびが生じている
IV	断面欠損を生じている

腐食面積率が高い場合は、環境状況やかぶり厚さとの関連を併せて考えると、耐久性能が低下していると考えられるものもある。一方、腐食が集中している場合は、ひび割れ発生位置と関連して、マクロセル腐食を懸念しなければならないものもある。

◉測定上の留意点

鉄筋を取り出す位置の選定に際しては、耐荷性能に影響すると考えられる箇所は基本的に避けるべきである。

●腐食面積率の例

0%

35%

60%

100%

反発度法(リバウンドハンマー)

◉用語の説明

　反発度法とは、試験機内部のハンマーとばねによって発生した衝撃エネルギーを利用し、コンクリート表面を打撃したときの反発エネルギーを「反発度」という指標で捉え、事前に確認された反発度と圧縮強度の関係式に反発度を代入することによりコンクリートの圧縮強度を推定する方法である。

◉測定の目的

　コア採取によるコンクリート強度測定と比較して試験方法が簡便なことや、非破壊で測定できることから、次の目的で調査される。

(1)詳細調査を実施する前の予備試験
(2)コア採取による強度試験が困難な場合
(3)コンクリートの強度分布など、多点での強度推定が必要な場合
(4)コンクリートの材齢に伴う強度増進を確認したい場合

◉測定の方法

　我が国では日本材料学会でその試験方法の基準が制定されたことをはじめとして、日本建築学会、土木学会などにも試験方法に関する基準が示されている。また、2003年には普通コンクリートに適用することを前提としたJIS A 1155「コンクリートの反発度の測定方法」が制定された。

N型
(15〜60N/mm^2)

NR型(記録式)
(15〜60N/mm^2)

P型(低強度型)
(5〜15N/mm^2)
リバウンドハンマー3種

反発度法

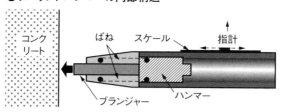

●リバウンドハンマーの内部構造

（図中ラベル）コンクリート、ばね、スケール、指計、プランジャー、ハンマー

　リバウンドハンマーによる反発度の測定方法は、次のとおりである。まず、装置を対象コンクリートに押し付けることにより内蔵されたハンマーが押し上げられる。その後、ハンマーが所定の高さに達するとストッパーが外れ、ばねの力によりプランジャーと呼ばれる鋼棒の後端を一定の力で打撃する。このときのハンマーの跳ね返り高さが反発度として記録される。

　一つの対象において、25〜50mmの間隔で9点について測定する。豆板、空隙、露出骨材を避けて、モルタルで覆われた乾燥した平滑面に垂直にゆっくりと打撃する。反響やくぼみ具合などから判断して明らかに異常と認められる値、またはその偏差が平均値の20%以上になる値があれば、その反発度を棄却して、これに代わる測定値を補う。

　リバウンドハンマーはその構造からハンマーの角度によって打撃エネルギーが異なるので、角度補正を行う。すなわち、測定反発度に角度補正分を加えて基準反発度とする。

　また、既存の換算式を用いる場合には、角度補正に加えて測定対象の条件を考慮して、以下の補正が加えられる場合がある。

(1) コンクリートの材齢(構築後の経過年数)

(2) コンクリートの応力状態

(3) その他、コンクリートの表面の中性化　など

◉判定方法

　反発度から圧縮強度を求める推定式は種々提案されている。ここでは例として、(1)日本材料学会式と、(2)旧・東京都建築材料検査所(現・東京都防災・建築まちづくりセンター建築材料試験所)による推定式を示す。ただし、採取コアによる強度試験を併用して、推定精度の確認を行うことが望ましい。

　　(1) $Fc = -18.0 + 1.27R$

　　(2) $Fc = -10.8 + 0.98R$

　ここに、Fc：コンクリート圧縮強度(N/mm^2)、R：反発度

◉調査測定上の留意点

　測定結果はコンクリート表面の凹凸、乾湿状態、部材厚さ、材齢などの影響を受ける。

弾性波法

●用語の説明

　弾性波法とは、コンクリート中を伝播する弾性波により、コンクリートの内部情報を得る非破壊試験法を指す。

●様々な弾性波法

　弾性波法は、受発振方法の組み合わせにより、打音法、衝撃弾性波法、超音波法、AE（Acoustic Emission）法に分類され、利用する周波数帯にも違いがあるが、いずれも弾性波を用いて、コンクリートもしくは構造物内部の情報を得ることを目的としている。

　打音法はコンクリート構造物にインパルスハンマーなどを用いて、衝撃を与え、そのときの音をマイクロホンで拾い、波形解析などを行って、構造物内部の欠陥を検出する非破壊試験法である。マイクロホンの代わりに、人の聴力により判断すれば、いわゆるたたき点検である。打音法の対象となる周波数はおおむね20Hz～数キロヘルツ程度である（「64 打音法」、142ページ参照）。

　衝撃弾性波法も弾性波源（発振）として、コンクリート構造物に機械的衝撃を与えるという点では打音法と同じであるが、受振には振動センサーなどの受振子を用い、おおむね数百ヘルツ～数百キロヘルツの周波数帯を利用している（「65 衝撃弾性波法」、144ページ参照）。

　超音波法では、ピエゾ効果を利用した圧電素子により、発振子で電気エネルギーを振動エネルギーに変換し、コンクリート構造物にごく微小な衝撃を与えている。逆に受振子では、振動エネルギーを電気エネルギーに変換している。超音波法で利用されているのは数十キロヘルツ以上の超音波である（「66 超音波法」、146ページ参照）。

　AE法は内部の微小破壊や変形に伴って発生する弾性波を高感度圧電素子により検出す

●各弾性波法と利用する周波数帯

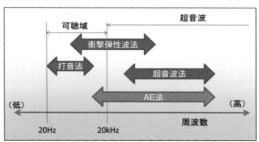

る受動的な方法である。AE法の対象となる周波数はコンクリートの場合、数十キロヘルツ～数百キロヘルツ、コンクリート構造物の場合、数キロヘルツ～数十キロヘルツ程度とされている(「67 AE法」、148ページ参照)。

●各弾性波法の概念図

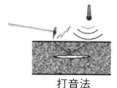

打音法

発振子　受振子

超音波法

◉**測定方法**

弾性波はコンクリート中を伝わる際、以下のような性質を持っている。

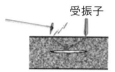

受振子

衝撃弾性波法

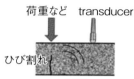

荷重など　transducer

ひび割れ

AE法

(1) コンクリートの弾性係数や密度によって伝播速度が変化する。

(2) 距離や散乱により減衰する。

(3) 境界面が存在すれば、一部は反射し、一部は透過する。

●各弾性波法と調査対象

調査対象	打音法	衝撃弾性波法	超音波法	AE法
強度推定	○	○	○	
内部空隙	○	○	○	
ひび割れ深さ		○	○	
部材厚さ		○	○	
浮き・剥離	○	○	○	
グラウト充填		○		
PC鋼材の破断検出		○		
損傷度評価				○
破断検知				○

　弾性波法では、伝播速度、波形振幅、周波数特性などを測定することによって、コンクリートの内部情報を得て、利用する特性と解析手法の組み合わせにより、各弾性波法は、複数の調査対象項目に対応可能となっている。

打音法

●用語の説明

打音法とは、コンクリート表面をハンマーなどで打撃した際に生じる弾性波を、打撃位置から離れた位置でマイクロホンなどの音響機器により空気振動として計測し、コンクリート内部の状況を把握する非破壊検査法の一つである。

●打音法の概要

打音法では、通常は可聴域と呼ばれる20Hzから数キロヘルツ程度の周波数域の音を使用する。打撃によって生じた弾性波の伝搬については、振動および弾性波の伝播理論に基づく。

衝撃弾性波法と比較して、周囲の騒音の影響を受けやすいが、非接触で測定可能なためコンクリート表面の性状の影響を受けにくい。また、測定が簡便なことなどが長所である。

●調査・測定の対象

構造物を打撃したときの打撃音は、その構造物の表面振動と高い相関がある。これは、打撃によって各部に伝播した弾性波による音響反射が、部材の固有振動数やたわみ振動などの測定対象物の打撃位置における性状を、音や弾性波の情報として与えることによる。

これによって対象構造物の物性や形状、欠陥の有無などを検知できる。

●打撃音の発生概念

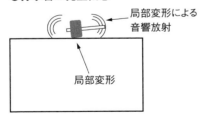

局部変形による
音響放射

局部変形

物体の接触による接触面の
変形による音響放射

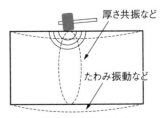

厚さ共振など

たわみ振動など

各部に伝播した弾性波による
音響放射

●調査・測定手法

打音法によるコンクリート内部の空隙や剥離の測定手順は以下のとおり。

インパルスハンマーを用いて一定の打撃エネルギーでコンクリートの表面を打撃したとき

に、条件が同一であればほぼ同様な打撃音が発生する。一方、内部に空洞や剥離が存在する場合は、弾性波の伝播がこれらによって妨げられるために打撃点近傍の受振波の振幅が大きくなる。

(1) 剥離が懸念される範囲を選定し、碁盤目状に測定点をマーキングする。測定点の間隔は、求めたい内部欠陥の寸法を目安に定める。
(2) 打撃点の表面に付着物がある場合は除去する。表面の平滑度はあまり影響しない。
(3) マイクロホンをマーキング位置のコンクリート表面に近い位置に設置する。フード付きのマイクロホンを接触させる場合もある。
(4) インパルスハンマーでマーキング位置を打撃し、弾性波を発生させ、インパルスハンマーの出力値および打撃音を波形収録装置に取り込む。
(5) インパルスハンマーの出力値で打撃音の入力値を除した値を振幅比として計算し、各測定点の振幅比で等高線図を作成する。

◉判定方法

・振幅比（Am/Ai）：打撃音最大振幅値（Am）をインパルスハンマーの加力振幅最大値（Ai）で除した値で、振動の大きさを表す。
・実効値比（Rm/Ri）：一定時間における打撃音実効値（Rm）をインパルスハンマーの加力実効値（Ri）で除した値。
・周波数重心（F）：測定範囲の周波数スペクトルの重心を計算したもので、音色の高低を示すパラメーター。周波数重心は、マイクロホンの周波数振幅をインパルスハンマーの周波数で除して、伝達関数として算出する。

●振幅比等高線図の例

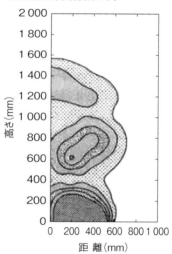

◉調査・測定上の留意点

　打音法では、測定周波数範囲が可聴域に限定されている。20kHzの波の半波長はおよそ100mmであり、これ以上短い共振が生じる場合には20kHz以上の波を発信、受信しなければならないため、通常のマイクロホンでは測定ができない。

関連する用語
弾性波：弾性体中を伝わる変形波で、弾性応力波、弾性ひずみ波とも呼ばれる
固有振動数：物体を自由に振動させた際に検出され、その物体の特定の振動周期のこと
インパルスハンマー：打撃で対象物に弾性波を加え、その力の信号が得られる測定器具

衝撃弾性波法

●用語の説明

　衝撃弾性波法とはインパルスハンマーを用いて、コンクリート構造物に機械的衝撃を与え、振動センサーなどの受振子を用いて、コンクリートや構造物内部を調査する非破壊試験法である。

衝撃弾性波法の測定機器の例

衝撃弾性波法を用いた測定状況

●衝撃弾性波法の適用範囲

　衝撃弾性波法は、弾性波法のなかでも適用範囲が広く、深い場所の調査も可能である半面、分解能はさほど高くはない。部材厚さの測定、浮き・剥離の検出、豆板・内部空隙（空洞）の検出、表面劣化の判別、強度推定、ひび割れ深さの推定などに対応できる。また最近では、PC鋼材に直接衝撃を与えて、グラウトの充填状況確認やPC鋼材の破断検出を行う方法も実用化されている。

●測定方法

　衝撃弾性波の測定装置は、コンクリートに衝撃を与えるインパルスハンマー、受振子(センサー)および本体から成る。また、本体とパソコンが一体化しており、条件入力や解析時の利便性を向上させた機種も使用されている。インパルスハンマーで衝撃を与え、測定箇所に受振子を押し付けた状態で弾性波を受振(測定)する。

　インパルスハンマーは、通常10 ～ 200 g程度の重量で、入力波形を得るための加速度センサーが付属している場合と付属していない場合がある。ハンマーが重くなれば、打撃によって生じる弾性波の周波数が低下し、より深い箇所の測定が可能となる。さらに深い箇所を測定したい場合には、セットハンマーなどを使用することもある。このとき、対象とす

る測定項目により、二つの受振子を用いたり、一定間隔で打撃することなどが必要であるため、目的に合致した方法を選定する必要がある。

◉衝撃弾性波法によるコンクリート強度の推定

　衝撃弾性波法により、コンクリート強度を推定する方法には、iTECS法と表面2点法がある。いずれも表面弾性波速度を測定して、あらかじめ作成した検量線（弾性波速度と圧縮強度との関係）により、コンクリート強度を推定する。このとき、以下の各項に留意する。

(1) コンクリート表面に豆板、コールドジョイント、ひび割れなどがある部分は避ける。
(2) 鉄筋の影響を避けるため、縦筋、横筋に対して斜め（できるだけ45度）に設ける。
(3) 測定箇所数は、1ロットにつき3測線とする。

　iTECS法の場合、加速度センサーが付属したインパルスハンマー（インパクター）を用い、入力波形と到達波形の時間差から弾性波の到達時間差ΔT_Pを測定する。4種以上の距離でΔT_Pを測定し、各測定結果から弾性波速度V_Pを決定する。

　表面2点法の場合、同一特性を持つ受振センサーを2点設置し、二つの受振センサー設置点と一直線上の点で、かつ二つの受振センサー設置点間の外側に打撃点を設定し、ハンマーで打撃する。このとき、二つの受振センサーの測定波形を測定する。二つの受振センサーでの到達波形の時間差から弾性波の到達時間差ΔT_Pを測定する。受振センサー設置点間の距離を3種以上として、ΔT_Pを測定し、各測定結果から弾性波速度V_Pを決定して強度を推定する。

●弾性波速度と圧縮強度の関係を求めた検量線の例

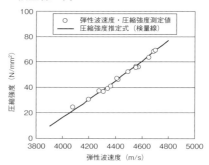

iTECS法による測定の例。「衝撃弾性波試験（仮称）iTECS法による新設の構造体コンクリート強度測定要領（案）2007年4月（H21修正）」

写真は、表面2点法による測定の例。上のグラフは、弾性波速度と圧縮強度の関係の例。「衝撃弾性波試験（仮称）表面2点法による新設の構造体コンクリート強度測定要領（案）2010年修正」

超音波法

●用語の説明

　超音波法とは、使用周波数が20kHz以上の超音波領域と呼ばれる周波数帯を使用し、発振子から接触剤を介してコンクリート中に発射された超音波パルスを受振子で測定する方法。弾性波による代表的な非破壊試験方法の一つである。

超音波法によるひび割れ深さの測定

●パルス波による測定方法

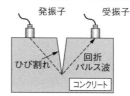
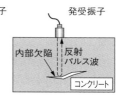

(a)パルス回折法　　　　(b)パルス反射法

●測定の原理と調査対象

　超音波法は、超音波パルスの到達時間、波形、周波数、位相などの変化を測定することによる欠陥の検出や、コンクリートの品質などの推定ができる。

(1) コンクリートの弾性係数や圧縮強度の推定：超音波伝播速度と弾性係数は相関関係にあり、圧縮強度を推定できる。

(2) 凍結融解作用によるコンクリートの劣化評価：凍結融解作用によりコンクリートの相対動弾性が低下することから推定できる。

(3) コンクリート内部の空隙や厚さの測定：発射された超音波パルスが躯体内部の異なった材質の境界面で反射される性質と、伝播時間からその距離を測定できる。

(4) コンクリートのひび割れ深さの測定：超音波パルスが、ひび割れの先端を回折した伝播時間から測定できる。

●測定方法

　超音波パルスを用いた測定方法は、目的に応じて色々な種類がある。

・T_c-T_0法によるコンクリートのひび割れ深さの測定方法

　右ページ左の図に示すように、ひび割れ先端部を回折してきた伝播時間T_cとひび割れのない表面の健全部の伝播時間T_0からひび割れ深さdを算定する。

・修正BS法によるコンクリートのひび割れ深さの測定方法

　右下の図に示すように、センサーをひび割れから10cmまでの任意の距離a_1と、$a_2=2a_1$に設置したときの伝播時間t_1、t_2からひび割れ深さdを算定する。

●Tc-T0法と算定式

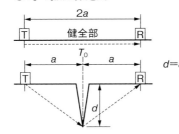

$$d=a\sqrt{\left(\frac{T_c}{T_0}\right)^2-1}$$

●修正BS法と算定式

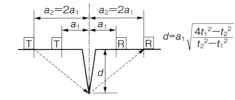

$$d=a_1\sqrt{\frac{4t_1{}^2-t_2{}^2}{t_2{}^2-t_1{}^2}}$$

◉**測定手順**

　超音波パルスの伝播時間測定によるひび割れ深さの測定

(1) 測定準備として、発受振子を接触させたり、伝播速度および長さが既知の基準試験体の弾性波伝播速度を測定したりして、測定精度をあらかじめ確認する。

(2) 欠陥が観察されない箇所を選定し、コンクリート表面の付着物を取り除き平滑にする。

(3) センサー表面に接触剤を塗布し、コンクリート面と密着させる。接触剤は超音波測定用のものを使用する。

(4) 測定器を作動させ、伝播時間を測定する。

◉**測定上の留意点**

　測定対象構造物が鉄筋コンクリートである場合、超音波が鉄筋を通過して、受振子に伝播する可能性があるため、ひび割れ方向にセンサーを移動させて複数回の測定を行い、同様の結果が得られることを確認する。

　測定精度に影響を及ぼす要因として、コンクリートの品質の局部的なばらつき、ひび割れ内の充填物、コンクリート表面の劣化や含水状態、コンクリート中の鉄筋や鋼材の影響、測定環境の振動や騒音などがある。

関連する用語
接触剤：センサーを対象に密着させるときに使用するグリセリンなどの材料。接触媒質ともいう
超音波パルス：瞬間的に伝わってしばらく休むような形の超音波の波形のこと

AE法

●用語の説明

　AE（アコースティック・エミッション）法とは、コンクリートがひび割れることによって発生する弾性波を検出し、構造物の載荷履歴やひび割れの進展状況を把握できる非破壊試験である。なお、AEとは、固体が微小な変形・破壊をするとき、エネルギーが開放されて発生する超音波領域の弾性波動現象のことである。

●測定の原理

　ある荷重が作用してコンクリートに微小な変形・破壊が生じるときに発する弾性波は、それ以上の荷重が作用するまでは発生しない。この特性をカイザー効果という。この特性を利用すると、コンクリート内部におけるひび割れ進展を空間的に調べられる。

　このことにより、供用中のコンクリート構造物を対象とする場合、連続監視あるいは低荷重載荷時の測定などによって、微小なひび割れの発生や構造物の載荷履歴を検出することができる。

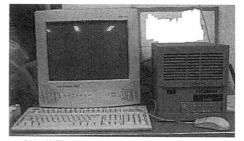
AE計測装置

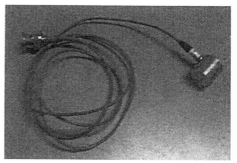
AEセンサー

●測定方法

　AE法は、ひび割れ発生によって生じる弾性波を、対象物に設置されたAE変換子（センサー）によって検出する。AE測定システムは、この弾性波を検出し電気信号に変換するAEセンサー、電気信号の増幅を行うプリアンプおよびメーンアンプ、パラメーターを抽出するパラメーター抽出部、演算処理を行う演算部および表示部から構成される。右ページ下の図に示すとおり、AEの波形を特徴化したAEパラメーターを計数し解析することにより、破壊過程を把握・評価する。ここで、AEパラメーターとしては、AEヒット数（イベント、カウント数）、最大振幅値、

AEセンサーの設置状況

●引き抜き試験に対するAE法の解析結果

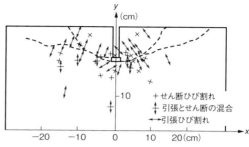

+せん断ひび割れ
‡引張とせん断の混合
↔引張ひび割れ

調
査

●AE波形とAEパラメーター

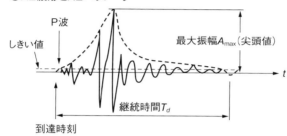

エネルギー、立ち上がり時間、継続時間が用いられる。これらの発生状況や頻度を調べることにより、ひび割れの発生履歴や成長の特性を把握できる。

◉判定方法

　AEパラメーターの傾向解析によれば、選択したAEパラメーターの時間、荷重、変形などに対する変化の傾向を解析できる。劣化測定に際しての注目点はAE発生の急激な増加である。連続監視、定期的な期間限定の監視を行えば、AE発生挙動に関連するパラメーターである事象数、カウント数、ヒット数などの急増によってひび割れの進展状況の危険性が評価できる。

◉測定上の留意点

　AE法では、多チャンネルで計測されたAE波の到達時間差を用いて、発生源の位置を評定できるが、すべての計測チャンネルで初動振幅が明瞭に検出・記録されている必要がある。このような計測チャンネルの増加に伴う負担が加わるため、簡易に処理できない短所がある。

　また、カイザー効果を利用した試験であるため、新たに発生するひび割れのみが評価の対象となり、既に存在している欠陥を検出することはできない。

サーモグラフィー法

●用語の説明

　サーモグラフィー法とは、物体表面から放射される表面温度に対応した赤外線エネルギーを計測して、温度分布に換算・画像化することにより、コンクリート表層部の変状を検出する非破壊試験である。

●測定の原理

　すべての物体は、その温度が絶対零度以上であれば、表面から赤外線を放出している。この放射された赤外線の波長や量は、物体の表面温度および放射率によって定まるため、赤外線センサーにより物体の表面温度の計測が可能となる。

　下の図に、サーモグラフィー法による欠陥検出の原理を示す。日射などによってコンクリート表面に熱が与えられた場合、コンクリート内部に存在する空洞(空隙)部分が断熱層となるため、欠陥部と健全部との間に温度変化が生じる。サーモグラフィー法では、この温度分布状況を把握することにより、内部欠陥の検出を行う。欠陥としては、(1)表面剥離、(2)表面近傍の締め固め不良部、(3)壁仕上げ材(モルタル、タイルなど)の浮き(剥離)、(4)吹き付け法面の劣化、などを検出できる。なお、サーモグラフィー法は非接触で面的な計測が行えるので、広範囲に及ぶ調査を短時間で実施できるという利点がある。

●サーモグラフィー法による欠陥検出の原理

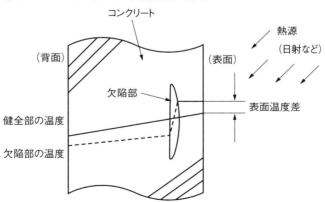

◉測定方法

　測定方法は写真撮影と類似している。対象物に対してできるだけ正対した位置から、適切な距離(通常5〜20m程度)だけ離れて測定する。

　サーモグラフィー法の測定精度は、測定時の気象条件に大きく左右される。よって、人工的加熱・冷却を行う場合を除き、次の条件が満たされなければ、精度の高い調査は期待できない。

(1)晴天日に測定する。

(2)調査対象部分の日射受熱量が最大となる時間帯、あるいは最高気温、最低気温となる時間帯に測定する。

◉判定方法

　顕著な高温部または低温部を、内部欠陥が生じている部位と判定する。

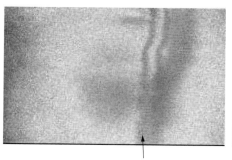
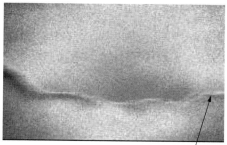

ひび割れ

ひび割れ

サーモグラフィー法の測定結果の例(4ページ参照)

◉測定上の留意点

　以下の点に留意する必要がある。

(1)調査対象物の表面状態(汚れ、光沢など)の違いにより生じる温度差を欠陥によるものと誤認する可能性がある。

(2)検出できる欠陥の深さは、欠陥の大きさや厚さにもよるが、表面から10cm程度が限界である。

関連する用語

赤外線：可視光線の赤色より波長が長く、電波より波長の短い電磁波。人は見ることができない光

透気試験方法

●用語の説明

　透気試験とは、コンクリート中の気体の透過性を評価する試験である。コンクリート供試体の透気性を測定する方法と、既設構造物のコンクリート表面部を対象にして測定する方法がある。後者は表面透気試験(トレント法)と呼ばれている(「71 現場透水試験方法・現場透気試験方法、156ページ参照」)。

●測定の目的

　中性化の原因となる二酸化炭素や、鉄筋腐食のカソード反応に必要な酸素の、コンクリート内部への浸透性を評価する。

●測定手法

　透気試験方法には、コアに一定の圧力を加えて透過する空気量を測定する方法(加圧法)と、コア内の圧力変化を測定する方法(変

●酸素の拡散係数試験方法

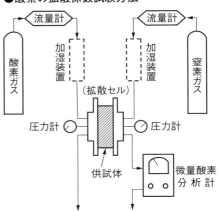

●拡散セルの標準的な形状とガスの流れ

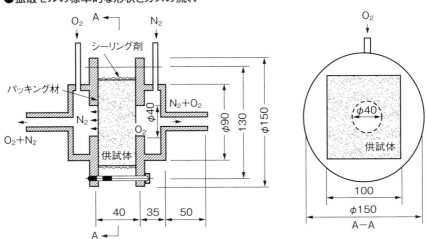

圧法)がある。前者には日本コンクリート工学会の耐久性診断研究委員会報告書に示される「酸素の拡散係数試験方法(案)」があり、1気圧の下で、濃度差によりコンクリート中を透過する気体状態の酸素の拡散係数を求めることができる。

◉酸素拡散係数の算定方法

供試体の片側から一定の圧力と流量の酸素ガスを流入させ、反対側に出てくる酸素防度が定常状態になった時の値を下の式へ代入すると、酸素拡散係数が算出できる。

$$D_{02} = \frac{Q \cdot L}{S \cdot \Delta C}$$

ここに、　D_{02}：酸素拡散係数(cm^2/s)

　　　　　Q：1気圧下で供試体を通る酸素の流量(cm^3/s)

　　　　　L：供試体の厚さ(cm)

　　　　　S：供試体の測定部分の面積(cm^2)

　　　　　ΔC：供試体両面の酸素濃度差

下図の通り、酸素拡散係数の値はコンクリートの含水状態により値が変化するため、含水率を測定しておく必要がある。

●含水率と酸素拡散係数の関係

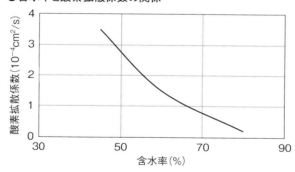

透水試験方法

●用語の説明

水密性が求められる構造物に使用されるコンクリートの性能評価に、透水係数が使用される。透水係数を測定する方法には、インプット法やアウトプット法があり、仕上げ材の評価方法としては、JIS A 6909「建築用仕上げ塗材」の透水試験A法やB法、JIS A 1404「建築用セメント防水剤の試験方法」などがある。

●透水係数試験方法

アウトプット法は、コンクリート供試体に水を圧入して通水させ、定常状態の流れになった時の単位時間当たりの流出量または流速を用いて透水係数を算出する方法である。

インプット法は、気乾あるいは絶乾状態にしたコンクリート供試体に、所定の水圧を所定の時間加えた後に、供試体を割裂して水の平均浸透深さを測定し、透水係数および拡散係数を求める方法である。

●透水試験方法の概念

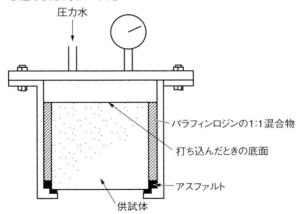

圧力水

パラフィンロジンの1:1混合物

打ち込んだときの底面

アスファルト

供試体

●JIS A 6909　透水試験A法

390mm×190mm×100mmの空洞ブロックの上面に試験体を載せた後、透水試験装置に取り付ける。23±2℃の水道水をシリンダー内に200mmの目盛りまで入れ、その時の水頭の高さと60分後の水頭の高さとの差を求める。

●透水試験A法の試験装置

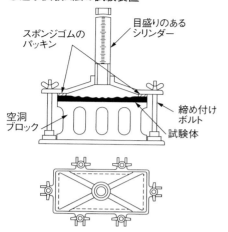

●透水試験A法の試験体

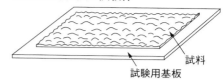

◉JIS A 6909　透水試験B法

　透水試験器具をシリコーン系シーリング材などでコンクリート試験体へ留め付け、48時間以上にわたって放置した後、23±2℃の水道水を試験体の表面から高さ約250mmまで入れ、その時の水頭の高さと24時間後の水頭の高さとの差を求める。透水試験器具は、口径が約75mmの漏斗と1目盛りが0.05mlのメスピペット(容量5ml)を連結したものとする。

　この方法は、JSCE-K571「表面含浸材の試験方法(案)」や、JSCE-K572「けい酸塩系表面含浸材の試験方法(案)」に応用され、シラン系表面含浸工法やけい酸塩系表面含浸工法の補修効果を評価するために活用されている。

●透水試験B法の試験器具

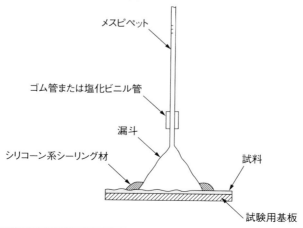

現場透水試験方法・現場透気試験方法

◉用語の説明

　現場透水試験は実構造物のコンクリート表層部に対して実施する透水試験である。同様に、現場透気試験は実際のコンクリート表層部に対して実施する透気試験である。水と空気の浸透性の抑制状況を評価することにより、鉄筋などの劣化抑制効果を評価できる。

◉現場透水試験方法

　シラン系表面含浸工法やけい酸塩系表面含浸工法が適用されたコンクリートに対して、表層部における遮水効果を測定する際に用いる。

　コンクリート表層を削孔し、表面をシリコンなどで栓をして注水し、コンクリートへの吸水量を測定する。自然吸水するタイプと、加圧ポンプを用いるタイプ（下図参照）がある。

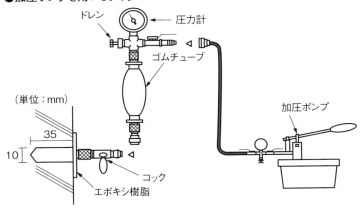

●加圧ポンプを用いるタイプ

ドレン　圧力計　ゴムチューブ　加圧ポンプ

（単位：mm）　35　10　コック　エポキシ樹脂

◉現場透気試験方法

　中性化抵抗性を評価する際や、表面被覆工法が適用されたコンクリートなどにおける二酸化炭素や酸素の侵入抑制効果を測定する際に用いられる。トレント法と呼ばれる透気試験方法がしばしば活用されている。また、コンクリート表層を削孔し、真空ポンプを接続して、空気の流れを測定する方法や負圧により測定する方法もある。

●表層品質の評価のための現場透気試験方法（トレント法）

右図に原理を示すように吸引部分がAとBに分かれ、BはAの周辺をドーナツ状に囲んでいる。するとCの部分の空気が吸い込まれ、AにはDの断面の空気が一方方向に吸引される。Aに吸引された空気量から透気性が求められる。

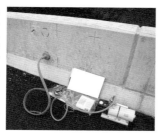

●トレント法の原理

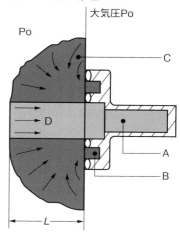

右側の横T形の部分が吸引部分、
左側がコンクリート

●負圧により測定できる現場透気試験方法

コンクリートを削孔せずに負圧を作用させ、空気の流入量からコンクリート表面の透気性を相対的に評価する方法である。

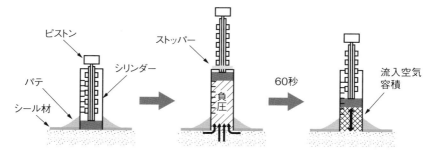

キーワード

72

インフラ点検ロボット

●用語の説明

インフラ点検ロボットは、光学機器や打音検査機器を搭載して、近接目視検査や打音検査を支援したり、点検者の移動を支援したりする目的で開発されたロボットである。

バキュームポンプでコンクリート表面に吸着し、移動しながら表面の劣化状況と打撃音を計測するロボット

ドローンに高感度のカメラを搭載し、高橋脚のコンクリート橋のひび割れなどを撮影するロボット

●開発の背景

国内の建設業界は慢性的な人手不足に陥っており、2030年には建設労働者の不足は36％に及ぶとの予測がある。一方で、高度経済成長期に建設された社会インフラの老朽化は急速に進行すると見込まれており、2033年には橋長2m以上の道路橋40万橋のうち、約67％が建設後50年を迎える。このため、社会インフラ点検を効率化する切り札として、インフラ点検ロボット技術の開発・導入が期待されている。

●国の取り組み

国土交通省と経済産業省は2013年7月に共同で、「次世代社会インフラ用ロボット開発・導入検討会」を組織した。この検討会では、橋梁、トンネル、水中(ダム、河川)の維持管理と災害の状況調査・応急復旧という五つの重点分野を定めた。

これに基づき、国土交通省が土木工学やロボット分野の識者からなる現場検証委員会を設立し、インフラ点検や災害対応のロボットを公募して2014〜2015年度の2カ年で現場検証を進め、2016年度に試行的に導入、2017年度に本格導入の予定となっている。このような背景の下、国土交通省が実施する現場検証に向けて、多くの企業が開発にしのぎを削っている。

●インフラ点検ロボット導入に向けたスケジュール

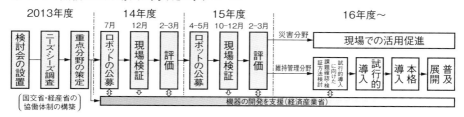

なお、インフラ点検ロボットの開発は、内閣府の「戦略的イノベーション創造プログラム（SIP）」でも、主要なテーマの1つとして取り上げられている。

◉インフラ点検ロボットの具体例

国土交通省、経済産業省の取り組みでは、人が近付けない、あるいは近づいて詳細に調査するにはコストが掛かりすぎる箇所をどのように点検するかが問われている。このため、現在開発されているインフラ点検ロボットは、ドローン(UAV、マルチロータヘリコプター)に代表されるプラットフォームに光学機器や打音検査機などを積み込んで、橋脚、桁下面、支承部、床版下面などの調査を行うものである。

左ページに記載した例のほかにも、ドローンを球殻で保護して衝突時の衝撃を受け流しながら飛行し、高解像度の写真撮影ができるロボットや、先端にカメラを配置し、高所作業車に取り付けて狭あい部の調査に用いる多関節ロボットアームなども開発されている。また、ロボットのイメージとは多少異なるが、橋面から高感度カメラを取り付けたアームを伸ばし、橋梁下面を撮影する橋梁点検ロボットカメラなども開発されている。

インフラ点検ロボットの開発は、もちろん我が国に限ったことではない。国内に橋長6m以上の橋梁を60万橋も抱える米国では、「RABIT（ラビット）」と呼ばれる床版の検査用ロボットを2012年に開発し、今後5年間で1000橋に適用する目標を掲げて、改良と量産に取り組んでいる。

RABITには、GPS、高解像度カメラのほか、鉄筋の腐食環境を探る電気抵抗法、地中レーダー法、衝撃弾性波法、超音波法の四つの非破壊検査機器が搭載されている。

我が国のインフラ点検ロボットにも、今後様々な機器が搭載され、より広範な情報の収取に活用されていくものと期待される。

床版を点検する「ラビット」

人工知能(AI)

◉用語の説明

　人工知能(AI、artificial intelligence)とは、コンピューターを使って人の知能と同じ働きを人工的に実現するシステムである。自然言語処理、推論・判断、画像認識などに応用されている。米グーグルが開発した「アルファ碁」が囲碁の世界トップ棋士を打ち負かすなど、社会的なブームを巻き起こしているが、維持管理の分野でも応用が始まっている。

◉人工知能の仕組み

　かつての人工知能は「ルールベース」と呼ばれる手法を採っていた。研究者や技術者が判断基準やルールを設定し、コンピューターはそれに従って、「もしAならばB」などとデータを分類・判断する仕組だ。ただし、専門家の知識・ノウハウを表現するのが難しく、ほとんど普及しなかった。

　その後、登場したのが「機械学習」で、コンピューターにデータを入力し、分類方法を自ら学ばせるアプローチである。機械学習の一種である「ニューラルネットワーク」は、人間の脳の神経細胞(ニューロン)のネットワークを単純化してコンピューター上に再現したもの。人間が何かを学習するとニューロン間の結合が変化するように、学習の過程で結合の強さ(重み)を変化させ、入力したデータに対して正解を出せるようになる。

　さらに一歩進んだ「ディープラーニング(深層学習)」が、現在の人工知能技術の主流となっている。脳の神経回路を模した情報処理システムである「ニューラルネットワーク」を幾層にも構築し、大量のデータを学ばせる。すると、システムが自らデータの特徴を学び、未知のデータを認識・分類できるようになる。

◉人工知能を活用する利点

　人工知能の活用が期待されているのが、点検・診断といった分野である。例えばコンクリート構造物の点検の場合、一般的にはコンクリート表面の状況を目視で点検し、その情報を基に技術者がひび割れの有無や構造物の健全度などを判断する。従来はこの手法で問題なく点検できていたが、今後は構造物の老朽化が急速に進んでいく一方、経験豊富な技術者の数は減っていく。少ない技術者で多くの構造物の維持管理を行わざるを得ないため、点検の効率化が求められていた。

　その対策として、インフラ点検ロボット(158ページ参照)などとともに活用が期待されるのが人工知能である。

　人工知能は画像認識に強く、繰り返し学習させれば、例えばインターネット上の数多くの画像の中から人の顔の画像だけを選び出すといったことが可能である。同様に、コンクリート表面の画像を大量に入力して学習させることで、表面の汚れとひび割れとを見分けられるようになる。ひび割れ検出が短時間ででき、記録もデジタルデータで残ることから、点検や記録の作業が大幅に省力化されるというメリットが考えられる。

◉人工知能を利用した点検・診断技術

　一例として、新エネルギー・産業技術総合開発機構（NEDO）、首都高技術、産業技術総合研究所、東北大学は共同で、道路橋の床版などに発生した幅0.2mm以上のひび割れを、80％以上の精度で検出するシステムを開発した。デジタルカメラで撮影した画像を入力すると、数十秒で検出が終わる。従来は野帳にひび割れを記録し、事務所でCADデータを作っていた。新開発した技術では、作業時間を従来の10分の1程度に短縮できる見込みだという。

　人工知能を使った診断技術の開発も進む。東京大学の前川宏一教授らは、内閣府の「戦略的イノベーション創造プログラム」（SIP）の一環で、人工知能を活用した「既設床版の余寿命評価」に関する研究に取り組んでいる。これまで、点検で得た床版下面のひび割れ図をコンピューターで解析して余寿命を算出することはできたが、1枚1枚の解析に非常に時間がかかっていた。

●NEDOなどが開発したシステムによるコンクリートのひび割れの検出結果

コンクリート表面の画像

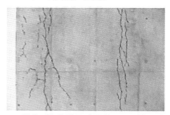

ひび割れ検出結果（黒線がひび割れ）

そこで、ひび割れパターンと解析結果をセットにして人工知能に学習させていき、新たなひび割れ図を入力すると瞬時に余寿命を推定できるようにするシステムを目指している。

◉留意事項

　前述の通り、人工知能を利用した点検・診断の技術は、大学や研究機関、民間企業などで研究開発が進められているが、まだ技術が確立されたわけではない。技術者が行う場合に比べ、精度の面でも十分とは言えない。現時点では、例えば劣化している箇所のスクリーニングなど、限定的な使い方をするのが現実的と言える。また、人工知能によって得られた結果はあくまでも技術者の判断を支援するもので、最終的な判断は技術者が行わなければならない。

　ただし、ICT（情報通信技術）の分野は技術が進展するスピードが速く、点検や診断の現場にも一気に導入が進む可能性がある。技術動向について注視しておく必要がある。

4

分析
に関する用語

この項では、研究室などで詳細な分析をする際に利用する技術を取り上げる

配合推定

◉用語の説明

　配合推定とは、硬化コンクリートの分析値などから、コンクリートの配合、すなわち単位セメント量、単位骨材量、単位水量を推定する方法である。

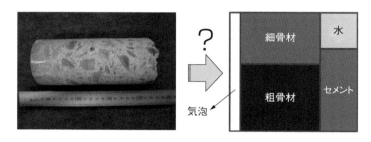

◉配合推定の必要性

　コンクリート構造物の調査・診断を行う際、硬化コンクリートの配合を把握する必要が生じる。配合推定は、

　(1)損傷の原因をより正確に特定すること

　(2)損傷の進行状態をより正確に把握すること

　(3)構造物の余寿命の推定精度を高めること

　(4)より的確な対策を立案すること

などを目的として行われる。

◉配合推定方法

　硬化コンクリートの配合推定の方法は、「セメント協会法」が一般的である。セメント協会法では、搬入されたコア供試体の吸水量(付着水量)と600℃の強熱減量(ig.loss)から単位水量の推定値を、塩酸(1+100)で溶解させた後の酸化カルシウム量(CaO)からセメント量の推定値を、ろ過残留物の1000℃強熱減量(ig. loss)の不溶残分(Insol.)から骨材量の推定値を、それぞれ算出する。

　なお、石灰石や貝殻を含むコンクリートでは、骨材量を過小に、セメント量を過大に推定するため適用できない。

　石灰石や貝殻を含んだコンクリートについては、NDIS 3422「グルコン酸ナトリウムによる硬化コンクリートの単位セメント量試験方法」が制定されている。ただし、混合セメント

●コア供試体から配合推定を実施するフロー

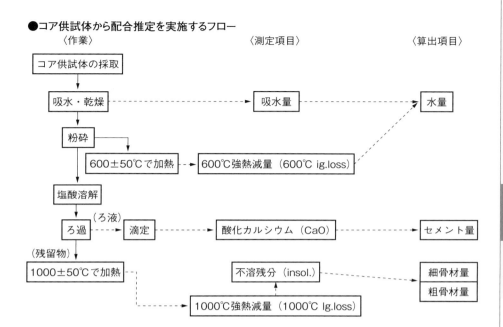

を用いたコンクリートや中性化したコンクリートは適用外となっている。

　同様に、石灰石や貝殻を含んだコンクリートの配合を推定する方法として、塩酸よりも弱酸のギ酸を使用してセメント中のシリカを溶解して、誘導結合プラズマ発光分光分析装置（ICP-AES）を用いて分析するギ酸溶解法がある。ギ酸溶解法では、中性化によって水和物の水酸化カルシウムが炭酸カルシウムになる程度までであれば配合推定は可能だが、C-S-Hゲルまで中性化で分解されてCa/Siモル比が1以下になると、ギ酸でセメント中のシリカを溶解できなくなるため配合推定が困難となる。

◎測定上の留意事項
(1) 通常、セメントや骨材の強熱減量や不溶残分は標準値を用いることが多いが、推定精度を向上させるためには、セメント、骨材について使用された材料の分析値を得る必要がある。
(2) 特に単位水量はコア状態での吸水率に左右されるうえ、吸水時にコンクリート中の空隙中にも水が浸入してしまうため、推定誤差が大きい。
(3) 分析に必要とされる試料は数グラム程度であるが、吸水率の測定精度やサンプリング誤差を考慮すると、試料としてはϕ10×20cm程度のコア供試体を得ることが望ましい。
(4) 中性化が進行したコンクリートでは推定精度が低下する。

強熱減量

●用語の説明

強熱減量(ignition loss、ig.loss)とは、物質を高温で加熱(強熱)したときの質量の減少量を言う。

●測定の目的

試料を強熱することで、試料中に含まれるいくつかの成分が放出され、質量が減少する。強熱減量は、強熱前の試料の質量と強熱後の質量の差(減少した質量)の比(%)で表され、試料中に含まれる揮発性物質の比に相当する。

$$強熱減量 = \frac{強熱前の質量 - 強熱後の質量}{強熱前の質量} \times 100 \ (\%)$$

セメントやコンクリートで強熱減量の原因となる代表的な物質は、水と二酸化炭素である。なお、試料は乾燥状態、通常は105℃で乾燥した後に、強熱減量を測定するため、表面に付着した水は強熱減量には含まれない。強熱の結果揮発する水は結合水の形で試料に取り込まれていた水で、C-S-Hゲル、水酸化カルシウムや二水石こう、半水石こうの水がある。なおエトリンガイトの水は比較的低温で脱水するため、強熱減量には含まれない。

二酸化炭素はそのものは試料中に存在せず、その起源は炭酸化物と有機物である。炭酸化物には炭酸カルシウム(石灰岩、貝殻など)がある。炭酸カルシウムは高温で分解し酸化カルシウムと二酸化炭素になる。有機物は酸化(=燃焼)して、二酸化炭素を発生する。一方、試料によっては、硫化物のように強熱により質量増加をみせることもある。

強熱減量の測定

デシケーター中で放冷

●測定の方法

　強熱減量を測定する温度は試料と分析の目的により異なる。石こうは化合水(無水石こう: $CaSO_4$、半水石こう: $CaSO_4 \cdot 1/2H_2O$、二水石こう: $CaSO_4 \cdot 2H_2O$) をみるため、JIS R 9101で250±10℃となっている。土は、JIS A 1226に規定され、750±50℃で測定し、土の中の有機物量の目安となる。ポルトランドセメントは JIS R 5202により950±25℃、高炉セメントと高炉スラグ微粉末は高温環境では酸化されて重量が増加するため、JIS A 6206に700±50℃と規定されている。またフライアッシュは JIS A 6201に975±25℃と定められており、未燃炭素量の目安となる。そのほか、石灰石が JIS M 8850により1050±50℃、鋳物砂が JIS Z 2601により1000℃での測定と規定されている。なお、強熱減量では、熱分析のように水分、二酸化炭素、有機物などの分別はできない。

●強熱減量と温度

　強熱減量の測定は、電気マッフル炉などを使い、試料を高温で加熱することによって行う。加熱温度や加熱時間、酸素量によって強熱減量が変動することが知られている。このため強熱する温度を付記しておくことが必要である。

　強熱減量の測定はあらかじめ空焼きして重さを量ったるつぼに試料を入れて、規定の温度で強熱する。強熱後、るつぼと内容物をデシケーター中で室温まで放冷した後、質量を量る。これを恒量となるまで繰り返す。必要な試料量は1g程度である。

　強熱減量を測定する際、温度を規定することで揮散する成分を限定することができる。例えば、セメント協会法のコンクリートの配合推定では、まず試料を105℃で乾燥させ、付着水を取り除く。その後、結合水が揮散し炭酸カルシウムが分解しない600℃での強熱減量を測定し、この値を結合水量に当てている。また、塩酸不溶解残渣を1000℃で強熱し、残留分を骨材量としている。

●適用例

　強熱減量は特別な装置を必要とせず、測定方法が簡単なため、いろいろな分析に適用される。例えば土壌中の有機物量の測定、セメントの不純物混入量の推定や風化の程度、フライアッシュの不燃性汚染物質の混入量測定などが挙げられる。

示差熱重量分析

●用語の説明

示差熱重量分析(Thermo-Gravimetry/Differential Thermal Analysis、TG/DTA)とは、加熱や冷却によって生じる重量の変化を天秤によって測定する熱重量測定(TG)と熱的に安定な基準物質(通常、α-Al_2O_3)と試料を同時に加熱し、両者の温度差を連続的に測定・記録する示差熱分析(DTA)を組み合わせて、単一の装置でTGとDTAを同時に測定する熱分析方法である

示差熱重量分析装置の例

●熱分析の原理と種類

物質は、温度変化によって融解やガラス転移などの相転移、あるいは熱分解などの化学反応を起こす。物質の温度を一定のプログラムによって変化させながら、その物質のある物理的性質を温度の関数として測定する一連の方法を熱分析という。熱分析には、熱重量測定(TG)、示差熱分析(DTA)、TGとDTAを組み合わせた示差熱重量分析のほか、温度差を熱エネルギーの入力差で測定する示差走査熱量測定(DSC)があり、材料科学・材料工学の分野で多用されている。

●示差熱重量分析装置

示差熱重量分析装置は、装置としては比較的単純で、加熱炉および加熱状態で重量測定が可能な高精度の重量検出部から成り、これに制御・記録機器が付属している。

●示差熱重量分析装置の概略図

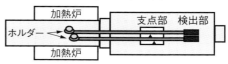

◉適用例

　示差熱重量分析を含む熱分析は、温度と重量の変化を連続的に測定するため、どの温度で試料にどのような変化が起こっているかを把握することができる。セメントコンクリートの分野では、セメントの分析やセメント硬化体中の反応生成物の定性・定量分析に使用される。なお、示差熱重量分析に必要な試料の量は一般に数十ミリグラム程度と微量であるため、150μm以下の微粉末にして均質化を図る必要がある。

●セメントの熱分析結果の例

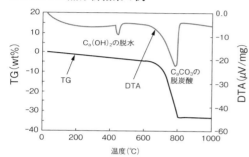

風化した普通ポルトランドセメントの示差熱重量分析結果の例：400℃付近から水酸化カルシウム（Ca(OH)₂）の脱水による吸熱とわずかな重量減少が認められ、600℃を超えたあたりから炭酸カルシウムの脱炭酸とそれに伴う吸熱と重量減少が認められる。吸熱と重量減少の大きさから風化の程度を類推することができる

●コンクリートの熱分析結果の例

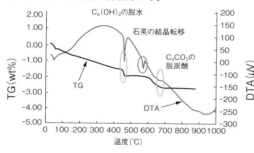

コンクリートから採取したモルタル部分の示差熱分析の例：450℃付近および600℃を超えたあたりで、それぞれ水酸化カルシウムの脱水と炭酸カルシウムの脱炭酸に伴う吸熱と重量減少が認められる。水酸化カルシウムが脱水を始める前にだらだらとした重量減少がみられるが、これはCSHゲルの脱水などによる。また、573℃の吸熱ピークは石英の結晶転移によるもので、骨材を含む試料ではよく見られる現象である

分析

可溶性塩化物イオン

●用語の説明

　可溶性塩化物イオンとは、コンクリート中の鋼材腐食に関連する塩化物イオンであり、日本コンクリート工学会JCI-SC4「硬化コンクリート中に含まれる塩分の分析方法」では、50℃の温水に可溶な塩化物イオンと定義されている。

●測定の目的

　コンクリート中の塩化物イオンは、その一部がセメントと反応し、不溶性の化合物(フリーデル氏塩など)となって固定される。一方、それ以外の塩化物イオンは鉄筋腐食に影響することから、コンクリート中の可溶性塩化物イオン量を分析することが、塩害の劣化診断および劣化予測のために重要となる。

●測定方法

　0.15mm以下に粉砕した試料を50℃に温め、50℃の温水を加えて保温し、30分間しんとうして可溶性塩化物イオンを抽出する。保温して静置した後、溶液を吸引ろ過する。ろ液の一部を分取し硝酸溶液(2N)を加えて酸性にしてから、塩化物イオン選択性電極を用いた電位差滴定装置などにセットし、N/200硝酸銀標準溶液で電位差滴定する。

　ここで、電位差滴定法とは、反応の当量点近傍で被測定液の特性に大きな変化が生じる現象を、電極電位の測定から把握する方法である。指示薬のように呈色の変化を見るのではなく、電気化学的な変化を捉えるので、微量分析にも適用できる。

　塩化物イオンの分析方法としては、電位差滴定法のほかに、クロム酸銀吸光光度法や硝酸銀滴定法がある。電位差滴定法は、一般に操作が簡便なうえ、熟練者や初心者の区別

可溶性塩化物イオンの測定例

なく信頼性の高いデータが得られる。また、吸光光度法は、操作がやや煩雑であるが、それぞれの操作条件を統一できるように習熟すれば最も信頼性の高いデータが得られる。一方、硝酸銀滴定法は、特殊な分析機器を必要としなくても済むが、安定したデータを得るには終点の判定に慣れる必要がある。

●判定方法

測定された可溶性塩化物イオン量から全塩化物イオン量を換算・推定し、下の表に示す塩化物イオン量に関する基準などと比較する。

●塩化物イオン量に関する基準

出典	塩化物イオン含有量基準など
建設省総合技術開発プロジェクト「コンクリートの耐久性向上技術の開発」報告書（1989年5月）	腐食発生限界濃度は、1.2～2.5kg/m^{3}である
JIS A 5308「レディーミクストコンクリート」	荷卸し地点で0.30kg/m^{3}以下でなければならない。ただし、購入者の承認を受けた場合は0.60kg/m^{3}以下にできる
土木学会「コンクリート標準示方書」施工編	外部から塩化物の影響を受けない環境条件の場合には、練り混ぜ時にコンクリート中に含まれる塩化物イオンの総量が0.30kg/m^{3}以下であれば、塩化物イオンによって構造物の所要の性能は失われないとしてよい。応力腐食が生じやすいPC鋼材を用いる場合などでは、この値をさらに小さくすることがよい
日本建築学会「建築工事標準仕様書・同解説 JASS 5 鉄筋コンクリート工事」	コンクリートに含まれる塩化物量は、塩化物イオンとして0.30kg/m^{3}以下とする。やむを得ずこれを超える場合は、鉄筋防錆上有効な対策を講じるものとし、その方法は特記による。この場合においても、塩化物量は塩化物イオンとして0.60kg/m^{3}を超えないものとする

●測定上の留意点

抽出する際の液温が20℃と50℃で比較した場合、前者の可溶性塩化物イオンは後者の半量になる。

硬化コンクリート中に含まれる塩化物イオンの全量（全塩化物イオン）を調査する場合には、硝酸によりコンクリートをほぼ完全に分解して塩化物イオンを溶出させる方法が取られる。測定方法としては、日本コンクリート工学会のコンクリート構造物の腐食・防食に関する試験方法ならびに規準（案）に示される「硬化コンクリート中に含まれる全塩分の簡易分析方法」やJIS A 1154「硬化コンクリート中に含まれる塩化物イオンの試験方法」がある。

フリーデル氏塩

●用語の説明

コンクリート中に含まれる塩化物イオンには、セメント水和物の一部に置換されたり静電気的な吸着等で固定化されたりして、鋼材腐食に影響を与えない状態のものと、細孔溶液中にイオンとして存在しているものとの2種類の形態がある。フリーデル氏塩は、塩化物イオンを固定するものの中で最も代表的な生成物である。

●セメント硬化体

ポルトランドセメントの主要化合物は、エーライト：C_3S ($3CaO \cdot SiO_2$)、ビーライト：C_2S ($2CaO \cdot SiO_2$)、アルミネート：C_3A ($3CaO \cdot Al_2O_3$)、フェライト：C_4AF ($4CaO \cdot Al_2O_3 \cdot Fe_2O_3$)の4種類である。これに石こう($CaSO_4 \cdot 2H_2O$)が添加され、製品として製造されている。

ポルトランドセメントに水を加えると、はじめの1時間程度の間でC_3AとC_4AFが石こうと反応し、エトリンガイト($3CaO \cdot Al_2O_3 \cdot 3CaSO_4 \cdot 32H_2O$)が生成。偽凝結が防止されている。さらに$C_3S$が反応して$C$-$S$-$H$ゲル、水酸化カルシウム$Ca(OH)_2$も生成されてゆく。14時間程度経過して石こうが消費されるとエトリンガイトはモノサルフェート($3CaO \cdot Al_2O_3 \cdot CaSO_4 \cdot 10H_2O$)に変化していき、セメント硬化体の水和物中に残存する。

水和反応がほぼ終了したセメント硬化体中では、C-S-Hゲル、水酸化カルシウム、モノサルフェートなどが生成され、複雑に絡み合った状態となっている。水和物には部分的に空隙があり、大きさの違いでゲル空隙(10nm以下程度)、毛細管空隙($10 \sim 10^4$nm程度)と呼ばれるものが存在する。空隙中には細孔溶液が存在しており、Ca^{2+}、OH^-等のイオンが含まれている。

外環境から侵入した劣化因子(炭酸ガス、塩分など)は、連行する細孔空隙を介してコンクリート表層から内部へ拡散してゆく。侵入する劣化因子に応じて、細孔溶液の成分の変化や水和物の変質が生じていく。

●フリーデル氏塩の生成

フリーデル氏塩($3CaO \cdot Al_2O_3 \cdot CaCl_2 \cdot 10H_2O$)は、モノサルフェートの$SO_4$部分が$Cl_2$に置き換わった形態となっている。

コンクリート中にCl^-が存在、または侵入してくる場合、主にモノサルフェートがフリーデル氏塩へ転化することが知られている。

　フリーデル氏塩として固定されるClは、セメント重量の0.4%までといわれているが、セメントの種類により、鉱物組成中のC_3A量は異なる。そのため、固定化されるClの最大量は変化すると考えられる。

●セメント種別ごとの鉱物組成の例

セメント種類	セメント中の鉱物組成例			
	C_3S	C_2S	C_3A	C_4AF
普通	50	25	9	9
早強	65	11	8	8
超早強	68	6	8	8
中庸熱	42	36	3	12
耐硫酸塩	63	15	1	15

「C&Cエンサイクロペディアーセメント・コンクリート化学の基礎解説」

　コンクリート中のフリーデル氏塩は、X線回折装置で確認することができる。下の測定例は、普通セメントW/C 52.7%のコンクリートを海水中に1年間暴露し、表層部(0 〜 10mm)と内部(45 〜 70mm)を分析した結果である。表層部にはフリーデル氏塩のみのピークがあり、内部ではフリーデル氏塩とモノサルフェートのピークを確認できる。

●X線回折装置による測定例

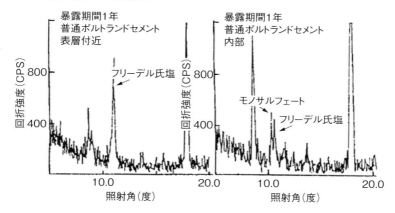

硬化コンクリート中の塩化物イオンの測定法

◉用語の説明

　硬化コンクリート中の塩化物イオンの測定法はJIS A 1154「硬化コンクリート中に含まれる塩化物イオンの試験方法」で規定されており、硝酸により抽出される塩化物イオン量を全塩化物イオンと定義されている。

◉測定の目的

　寒冷で融雪剤を散布する地域や、海洋環境地域のコンクリート構造物は、コンクリート表面から外来の塩化物イオンの浸入作用を受ける。全塩化物イオン量が鋼材の配置位置で鋼材腐食発生限界濃度に達したかを求めることや、表層からの全塩化物イオン濃度分布を求めることは、塩害の劣化診断および劣化予測のために重要となる。

◉測定方法

　分析に使用する試料には、コンクリート供試体、採取コア、深さ方向別に切断した試料片、ドリル粉などが用いられる。分析前の試料調製段階でコンクリートの平均組成となるように一定量以上の試料を採取することが重要である。

　JIS A 1154 附属書A（参考）に採取コアは5mm以下に粗粉砕した試料を50g計り取って使用することとされており、採取コア以外の方法で採取する試料量の最小値の目安とできる。採取した試料は0.15mm以下に微粉砕を行う。

(1)分析試料約10gを0.01gの桁まで量り取る。

(2)分析試料に硝酸(1+6)を加えて溶液のpHを3以下とした後、加熱煮沸して塩化物イオン

硝酸による塩化物イオンの抽出

吸引ろ過によるろ液の作成

を抽出する。

(3) フライアッシュ、スラグ細骨材、または分析に影響を及ぼす成分を含む恐れがある場合、過酸化水素1mlを加え妨害物質を酸化させる。

(4) 塩化物イオンの分析方法が、チオシアン酸水銀(Ⅱ)吸光光度法、硝酸銀滴定法の場合には、あらかじめ炭酸カルシウムを加えてpHを約7に調整する。

(5) 溶液を吸引ろ過し、ろ液を作成する。

(6) 塩化物イオンは、塩化物イオン電極を用いた電位差滴定法、チオシアン酸水銀(Ⅱ)吸光光度法、硝酸銀滴定法、あるいは、イオンクロマトグラフ法により定量を行う。

◉判定方法例

土木学会コンクリート標準示方書[設計編]では、当初から内在する塩化物イオンの許容限度は0.3 〜 0.6kg/m³、鋼材腐食発生限界濃度は1.2 〜 2.4kg/m³程度とされていた。しかし、鋼材腐食発錆限界濃度は、配合、曝露環境で異なることが知られており、類似構造物の実測結果や試験結果を参考に定めてよいとされ、下式を用いて定めてよいとされている。

普通ポルトランドセメント

$C_{lim} = -3.0 (W/C) + 3.4$

高炉セメントB種相当、フライアッシュセメントB種相当

$C_{lim} = -2.6 (W/C) + 3.1$

低熱ポルトランドセメント、早強ポルトランドセメント

$C_{lim} = -2.2 (W/C) + 2.6$

ここに、C_{lim}：鋼材腐食発錆限界量(kg/m³)

W/C：水セメント比(0.30 〜 0.55)

(資料：土木学会「コンクリート標準示方書[設計編]」、2017年、p156)

◉測定上の留意事項

分析結果は、試料質量に対する質量パーセントで得られるため、コンクリートの単位容積質量の仮定値2300kg/m³を乗じて1m³当たりの塩化物イオン含有量を求める場合が多い。1m³当たりの塩化物イオン量を正確に求めるためには、対象コンクリートの単位容積質量をあらかじめ計測しておく必要がある。

キーワード
80

硝酸銀滴定法

●用語の説明

　硝酸銀滴定法(ファヤンス(Fajans)法)とは、塩化物イオン量の沈殿滴定法の一つで、塩化物イオンを含む試料にデキストリン溶液を加えたうえで、硝酸銀($AgNO_3$)溶液で滴定し、その際の指示薬として、フルオレセインナトリウム(ウラニン)溶液を用いる方法である。JIS A 1154「硬化コンクリートに含まれる塩化物イオンの試験方法」では、4種の塩化物イオン量の測定法が定められているが、その中の一つとして採用されている。

硝酸銀滴定

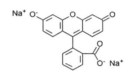

フルオレセインナトリウム

●測定の原理

　塩化ナトリウム(NaCl)を含む溶液に、ある濃度の硝酸銀溶液を滴定していくと塩化銀(AgCl)の白色沈殿(コロイド粒子)を生じる。

$$\underset{\text{硝酸銀溶液}}{Ag^+ + NO_3^-} + \underset{\text{塩化ナトリウム溶液}}{Na^+ + Cl^-} \rightarrow \underset{\substack{\text{塩化銀} \\ \text{(白色沈殿)}}}{AgCl\downarrow + Na^+ + NO_3^-}$$

　すべての塩化物イオンが塩化銀として沈殿(これを滴定の当量点(終点)という)するまでに必要な硝酸銀溶液の量が分かれば、溶液に含まれていた塩化物イオン量を得ることができる。

　当量点は、以下のようなメカニズムで試料溶液が赤色に変色することによって判断できる。

　Cl^-をAg^+で滴定すると、当量点前までは$AgCl$の沈殿が生成するが、この沈殿の周りは過剰のCl^-で取り囲まれている。このため、沈殿粒子とフルオレセイン(Fl^-)は相互作用をせず、色素の蛍光性は維持される。当量点を過ぎると粒子の周りをAg^+が取り囲むようになり、沈殿粒子表面はプラスの電荷を帯びる。このため、陰イオンのフルオレセインが$AgCl$沈殿粒子の表面に吸着されるようになり、蛍光を失って赤色に変色する。

● 当量点前後における色素吸着の概念と色調の変化

当量点前
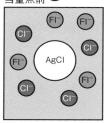

当量点
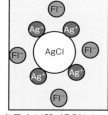

当量点以降
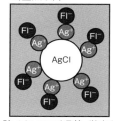

指示薬として、フルオレセインナトリウム（Fl⁻）を加えたCl⁻が存在する溶液に硝酸銀溶液（AgNO₃aq）を滴下。AgClコロイド粒子表面は負に帯電している

当量点以降、過剰となったAg⁺がコロイド表面を覆う

陰イオンFl⁻が吸着、蛍光を失って赤色を呈する

滴定前 　　　　滴定中（当量点前）　　　　当量点

当量点前後における色素吸着の概念と色調の変化（5ページ参照）

◉モール法

　硝酸銀滴定法では、指示薬としてフルオレセインナトリウムではなく、クロム酸カリウム（K₂CrO₄）を用いる方法があり、モール法と呼ばれている。モール法は、骨材中の塩化物量の測定方法としてJIS A 5308「レディーミクストコンクリート」などで採用されている最も古くから実施されてきた塩化物イオン量の測定法で、従来は塩化物イオン量の測定といえば、もっぱらモール法が用いられてきた。分析後の廃液中にクロムイオンが含まれるため、廃棄物処理が必要となるが、ファヤンス法と比べて、色調の変化を把握しやすいという特徴がある。

塩化物イオン電極を用いた電位差滴定法

◉用語の説明

　電位差滴定法は、滴定時に測定溶液にセットした基準電極と指示電極の電位差を測定し、電位差の変化点の極大値から終点を決定する手法である。指示電極にイオン選択電極の一種である塩化物イオン電極を使用することによって、精度良く塩化物イオンの定量を行うことができる。

◉測定の目的

　前処理を行った試料溶液中の塩化物イオン量の定量に使用される。

◉測定方法

　JIS A 1154「硬化コンクリート中に含まれる塩化物イオンの試験方法」に従って作成したろ液を使用する。

　滴定には硝酸銀溶液を使用することとなっており、対象溶液の想定濃度に応じて、下表に示す濃度の硝酸銀溶液を選定して用いる。

●想定される塩化物イオン濃度および使用する硝酸銀溶液の濃度

想定される塩化物イオン濃度（%）	硝酸銀溶液濃度（mol/l）
0.2以上	0.1
0.02以上　1.0未満	0.01
0.5未満	0.005

●電位差滴定装置の構成

●終点の決定

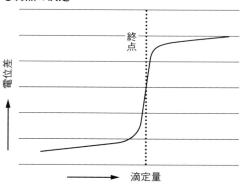

滴定に用いる硝酸銀溶液は、下式により標定を行ってファクターを求め、滴定終了後の算定に使用することとなっている。

$$f_{0.1} = a_{0.1} \times \frac{b}{100} \times \frac{20}{200} \times \frac{1}{X \times 0.005844}$$

ここに、$a_{0.1}$：塩化ナトリウムの量(g)　b：塩化ナトリウムの純度(%)

　　　　X：標定に要した0.1mol/l硝酸銀溶液

　　　　0.005844：0.1mol/l硝酸銀溶液1mlの塩化ナトリウム相当量(g)

$$f_{0.01} = a_{0.01} \times \frac{b}{100} \times \frac{20}{200} \times \frac{1}{X \times 0.0005844}$$

ここに、$a_{0.01}$：塩化ナトリウムの量(g)　b：塩化ナトリウムの純度(%)

　　　　X：標定に要した0.01mol/l硝酸銀溶液

　　　　0.0005844：0.01mol/l硝酸銀溶液1mlの塩化ナトリウム相当量(g)

$$f_{0.005} = a_{0.005} \times \frac{b}{100} \times \frac{20}{200} \times \frac{1}{X \times 0.0002922}$$

ここに、$a_{0.005}$：塩化ナトリウムの量(g)　b：塩化ナトリウムの純度(%)

　　　　X：標定に要した0.005mol/l硝酸銀溶液

　　　　0.0002922：0.005mol/l硝酸銀溶液1mlの塩化ナトリウム相当量(g)

$$C = \frac{V \times f_i}{W} \times \frac{200}{X} \times 100 \times \frac{0.003545}{a}$$

ここに、C：塩化物イオン(%)　V：滴定に要した$i$mol/l硝酸銀溶液(ml)

　　　　f_i：$i$mol/l硝酸銀溶液のファクター　X：分取量(ml)　W：試料(g)

　　　　0.003545：0.1mol/l硝酸銀溶液1mlの塩化物イオン相当量(g)

　　　　a：硝酸銀溶液の濃度に関する係数

　　　　　0.1mol/l硝酸銀溶液のとき、$a = 1$

　　　　　0.01mol/l硝酸銀溶液のとき、$a = 10$

　　　　　0.005mol/l硝酸銀溶液のとき、$a = 20$

電位差滴定装置による測定状況
（オートサンプラー付き）

イオンクロマトグラフ法

●用語の説明

イオンクロマトグラフ法とは、溶液中のイオン性の成分の定性・定量を行う手法である。ISOやASTMなどで標準化が行われ、日本ではJIS規格、上水試験方法、下水試験方法、土壌標準分析・測定法などの多数の公定法にも採用されている。

●特徴と測定原理

イオンクロマトグラフの特徴として、

(1) 1回の分析で複数のイオン成分の分析が行える。

(2) 希釈やろ過などの簡便な前処理のみで、数ppm～数十ppmレベルのイオン性成分の測定が行える。

(3) 酸化状態の異なる成分(NO_2^-、NO_3^-あるいはSO_3^{2-}、SO_4^{2-}など)や、価数の異なる成分(Fe^{2+}、Fe^{3+}あるいはCr^{3+}、Cr^{6+}など)を別々に定性・定量することができる。

といった点が挙げられる。

イオンクロマトグラフは一般に、下図に示すように溶離液を送るポンプ、試料の導入バルブ、カラム(イオン交換樹脂が充填)、サプレッサー(測定イオンの感度を向上)、検出器(電気伝導度検出器が一般的)、解析・記録装置(コンピューター)で構成されている。溶離液、カラム、サプレッサーの種類を変えることで、種々のイオン成分の測定が可能である。

測定原理は以下の通り。イオンの価数、イオン半径、疎水性などの性質によってカラム内を移動する速度が異なるため、カラムを通過することでイオン成分が分離されてゆく。カラムから排出された溶離液とイオン成分は、サプレッサーで溶離液の影響を低減させた後、イオン成分の感度を高め、検出器で検出が行われる。

●イオンクロマトグラフの基本構成

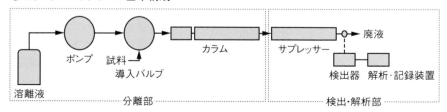

◉測定できる成分

　イオンクロマトグラフでは、溶離液、カラム、サプレッサーの種類を選定することで種々のイオン性の成分が分析可能である。測定対象となるイオン性の成分としては、主に、F^-、Cl^-、Br^-、NO_2^-、NO_3^-、SO_3^{2-}、SO_4^{2-}、PO_4^{3-}などの陰イオンと、Fe^{2+}、Fe^{3+}、Cr^{3+}、Cr^{6+}、Li^+、Na^+、NH_4^+、K^+、Mg^{2+}、Ca^{2+}などの陽イオンがあげられる。

◉測定例

　イオンクロマトグラフによる測定例を下図に示す。測定条件に応じて特定のイオン性の成分がピークとして検出される。あらかじめ標準液を用いて検量線を作成しておき、対象となるイオン性成分の得られたピーク面積または高さから、定性・定量を行う。

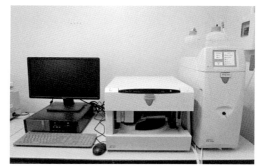

イオンクロマトグラフ測定装置の一例

●イオンクロマトグラフの測定例

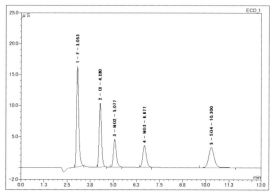

番号	保持時間 分	ピーク名	高さ μS	面積 μS*min	相対面積 %	含有量 mg/L	タイプ
1	3.05	F	16.286	2.275	34.79	10.014	BMB
2	4.28	Cl	10.311	1.532	23.43	10.005	BMB*¯
3	5.08	NO2	4.524	0.823	12.59	10.005	BMB*¯
4	6.68	NO3	3.550	0.789	12.07	10.002	BMB*¯
5	10.30	SO4	3.279	1.119	17.12	9.997	BMB
合計:			37.950	6.538	100.00	50.024	

キーワード
83

腐食電流密度

●用語の説明

　腐食電流密度とは、鉄筋の単位面積当たりの腐食速度を表したものである。土木学会の「コンクリート標準示方書［維持管理編］」では、劣化進行過程の進展期において腐食ひび割れ発生までの期間を腐食速度から決定することになっている。腐食速度は、点検により得られた腐食量や鋼材の腐食反応速度に基づく方法のほか、分極抵抗法を用いてコンクリート構造物中の鉄筋の分極抵抗を測定した結果から次式により腐食電流密度を求めて腐食速度に換算する方法がある。

$$I_{corr} = \frac{k}{R_p}$$

ここに、I_{corr}：腐食電流密度（$\mu A/cm^2$）　　k：腐食速度定数
R_p：分極抵抗（$k\Omega \cdot cm^2$）

●腐食電流密度を腐食速度に換算する方法

　コンクリート中の鋼材は不動態皮膜という防食性の高い皮膜で保護されているが、塩化物イオンにより破壊される。また、コンクリートは不均質な材料であるため、コンクリートの密実性が異なる。これにより塩化物イオンや酸素の濃度差が生じ、腐食を促進させる。分極抵抗はこのような鋼材表面の腐食に対する抵抗性であり、分極抵抗が大きいほど腐食に対する抵抗性は高い。

　分極抵抗は、鋼材の電位を自然電位からわずかに分極させたときに発生する電流量を計測して得られる分極曲線の傾きとして、次式より得られる。

　　$R_p = \Delta E / \Delta I$

　　　ここに、R_p：分極抵抗　　ΔE：分極量　　ΔI：発生する電流

　分極抵抗法は、この分極曲線の傾きである分極抵抗と腐食速度との間に反比例の関係があることを利用して腐食速度を推定する。

　一般に腐食速度は鉄筋の単位面積当たりの腐食電流密度で表現され、測定された分極抵抗を次式に代入して求められる。

　　$I_{corr} = k / R_p$

　　ここに、I_{corr}：腐食電流密度　　R_p：分極抵抗　　k：定数

　　kはコンクリート中の鋼材に対しては0.026Vが用いられる。

　腐食電流密度I_{corr}（$\mu A/cm^2$）は腐食電流がすべて$Fe \rightarrow Fe^{2+} + 2e^-$の反応と仮定すると

ファラデーの第二法則より以下のような腐食速度に換算することができる。

$$\Delta r = m \frac{I_{corr}}{z \cdot F}$$

ここに、 Δr：鉄筋の腐食速度($g/cm^2/s$)　m：鉄の原子量($=55.8g$)
I_{corr}：腐食電流密度　z：鉄のイオン価数($=2$)
F：ファラデー定数($=96500$クーロン)

単位時間・単位面積当たりの腐食損失量：$1\mu A/cm^2=2.50mdd$（mdd：$mg/dm^2/day$）
1年当たりの平均浸食深さ：　　　　　$1\mu A/cm^2=11.6\times10^{-3}$（mm/year）

◉腐食電流密度による腐食速度の判定基準

　腐食電流密度を用いた腐食速度を解釈する基準として、ヨーロッパコンクリート委員会（CEB）や国際材料構造試験研究機関連合（RILEM）などの団体から下表に示すような判定基準が提案されている。また、コンクリートの比抵抗から腐食速度を算定する方法も図で示すように提案されている。

●CEBによる腐食速度の判定基準

腐食速度測定値（腐食電流密度）$I_{corr}(\mu A/cm^2)$	腐食速度の判定	分極抵抗測定値 Rct($k\Omega cm^2$)	腐食損失速度 (mg/cm^2/年)	浸食速度 (mm/年)
0.1～0.2より小	不動態状態（腐食なし）	130～260より大	0.9～1.8より小	0.0011～0.0023より小
0.2～0.5	低～中程度の腐食速度	52～130	1.8～4.6	0.0023～0.0058
0.5～1	中～高程度の腐食速度	26～52	4.6～9.1	0.0058～0.0116
1より大	激しい、高い腐食速度	26未満	9.1より大	0.0116より大

「コンクリート診断技術 '15基礎編」

●腐食電流密度I_{corr}（腐食速度）とコンクリート抵抗率ρとの関係

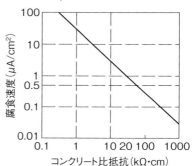

「コンクリート技術シリーズ No.86 コンクリート中の鋼材の腐食性評価と防食技術研究小委員会報告書203ページ、図2.4.29」

分極抵抗の測定

化学法

◉用語の説明

アルカリシリカ反応性試験(化学法)とは、コンクリート用骨材のアルカリシリカ反応性を、化学的な方法によって比較的迅速に判定する試験方法である。

アルカリ濃度減少量(Rc)の測定状況(中和滴定)

溶解シリカ量(Sc)の測定状況(原子吸光光度法)

◉試験方法

アルカリシリカ反応性試験(化学法)は、コンクリート用骨材のアルカリシリカ反応性を判定する最も一般的な方法で、JIS A 1145「骨材のアルカリシリカ反応性試験方法(化学法)」として規格化されている。具体的な試験手順は、以下のとおりである。

(1)骨材を粒度0.15 〜 0.3mmに粉砕・調製する。

(2)0.15 〜 0.3mmの骨材試料25gに1mol/lのNaOH溶液25mlを加える。

(3)(2)を80℃の温度条件で24時間±15分保持する。

(4)冷却、ろ過した後、0.05mol/lの塩酸標準液を用いて中和滴定し、アルカリ濃度減少量(Rc)を求める。

(5)質量法、原子吸光光度法もしくは吸光光度法により、溶解シリカ量(Sc)を求める。

(6)アルカリ濃度減少量(Rc)と溶解シリカ量(Sc)より、アルカリシリカ反応性を判定する。

    a)Sc≧10mmol/l、Rc<700mmol/lの範囲

      Sc/Rc<1の場合には「無害」

      Sc/Rc≧1の場合には「無害でない」

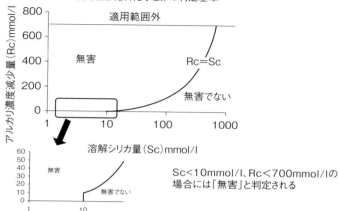

Sc<10mmol/l、Rc<700mmol/lの場合には「無害」と判定される

b) Sc＜10mmol/ℓ 、Rc＜700mmol/ℓの場合には「無害」

c) Rc≧700mmol/ℓの場合には判定しない（適用範囲外）

◉適用上の留意事項

　アルカリシリカ反応性試験（化学法）は比較的迅速に骨材のアルカリシリカ反応性を判定できるが、適用に際しては、以下のような事項に留意する必要がある。

(1) 骨材とアルカリの反応速度は反応性鉱物の種類や量により異なるが、24時間の試験では、遅延膨張性を有する骨材、例えば堆積岩系のチャートや珪質粘板岩に含まれる隠微晶質石英やカセドニー、オパールなどの反応性鉱物に起因するアルカリシリカ反応性については、判定することができない。

(2) 水酸化ナトリウムに溶解しないため、石灰石骨材には適用することができない。

(3) 化学法では粉砕処理を伴うため、骨材の反応性が大きくなって、無害の骨材であっても「無害でない」と判定されることがある。

　なお、JIS A 1146では従来、「化学法で『無害でない』と判定された骨材でもモルタルバー法で『無害』と判定された場合には、後者を優先して良い」と規定されていたが、2017年の改訂により、後者（モルタルバー法）の判定を優先してよいとする記述が削除された。

(4) 化学法の試料となる骨材は、反応性骨材と非反応性骨材が混在していることがあるが、化学法では試料に対するアルカリ量が一定で、サンプリングの影響で判定結果に差が生じる可能性がある。

　なお、一部の発注機関では、化学法に「準有害」の領域を導入して従来に比べて厳しい判定を下すとともに、対策の適用範囲を拡大して、アルカリシリカ反応の発生防止策を強化する動きもある。

モルタルバー法

●用語の説明

アルカリシリカ反応性試験(モルタルバー法)とは、骨材のアルカリシリカ反応性をモルタルバーにより判定する試験方法である。

●試験方法

アルカリシリカ反応性試験(モルタルバー法)とは、コンクリート用骨材のアルカリシリカ反応性を判定する試験方法で、JIS A 1146「骨材のアルカリシリカ反応性試験方法(モルタルバー法)」として規格化されている。

具体的な試験手順は以下のとおりである。

(1) 骨材を5mmふるい全通となるまで粉砕する。

(2) セメントの等価アルカリ量Na_2Oeqが1.2%になるように、水酸化ナトリウムを添加して、

モルタルバー法の長さ測定状況

●モルタルバー法の長さ変化測定例

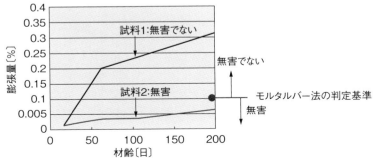

モルタル供試体を作製する。モルタルの配合は、質量比でセメント1、水0.5、骨材(表乾状態)2.25とする。

(3) 24時間で脱型、基長を測定する。

(4) 湿気箱(温度40℃、95% RH以上)に保存し、所定間隔でモルタルの膨張量を測定する。

(5) 26週後の膨張量が0.1%未満の場合、「無害」と判定する。

　なお、JIS A 1146では従来、「化学法で『無害でない』と判定された骨材でもモルタルバー法で『無害』と判定された場合には、後者を優先してよい」と規定されていたが、2017年の改訂により、後者(モルタルバー法)の判定を優先してよいとする記述が削除された。

◉適用上の留意事項

　これまで、安山岩や流紋岩などの火山岩系の骨材を用いた場合に、アルカリシリカ反応の可能性が高いと認識されてきたが、堆積岩系のチャートや珪質粘板岩によるアルカリシリカ反応も報告されている。堆積岩に隠微晶質石英やカルセドニー、オパールなどの反応性鉱物が含まれた場合、遅延型膨張を生じるが、遅延型の膨張反応は膨張が始まるまでには比較的長い期間が掛かり、一度膨張が始まると長期間にわたり膨張が継続することを特徴とする。

　これまでの検討により、現状の化学法、モルタルバー法による反応性骨材の判定は遅延膨張性のある骨材やペシマムによる膨張などを適切に評価できないことが明らかになっている。同時に、遅延型膨張を示す骨材の反応性を判定するためには、ASTM法やデンマーク法などにより判定する必要がある。

ASTM法：80℃、1mol/l・NaOH溶液に14日浸漬。14日浸漬後の膨張量で0.1%未満を無害、0.2%以上を有害と判定。0.1〜0.2%の場合は不明瞭で試験を延長。

デンマーク法：50℃、飽和NaCl溶液に91日浸漬。91日浸漬後の膨張量で0.1%以下を無害、0.4%以上を有害と判定。0.1〜0.4%の場合は不明瞭。

　また、日本コンクリート工学会でJCI-S-010-2017「コンクリートのアルカリシリカ反応性試験方法」が制定された。試験は、総アルカリ量5.5kg/m³、40℃で1年間促進養生を行うことで、従来反応性を見いだすことができなかった骨材の評価、および実環境と同程度の膨張量を得ることを目指した試験方法である

26週経過後のモルタルバー供試体の例。アルカリシリカ反応により、方向性のないひび割れが生じ、ところどころ変色している

残存膨張

●用語の説明

残存膨張とは、アルカリシリカ反応が疑われる構造物から採取したコアを一定の促進養生条件においた際に示す膨張量を示す。

●残存膨張と解放膨張

アルカリシリカ反応を起こした構造物内部のコンクリートは、周囲から拘束を受けつつ、膨張している。コア採取によりこの拘束が解放されるため、コア採取直後にコンクリートは膨張する。これを解放膨張と言い、解放膨張が終了したコアを促進養生条件においた際の膨張を残存膨張と言う。これらの情報は、その後の劣化の進行を推察するうえで必要となる。

下図に概念を示す。コア(1)と(2)の全膨張率はほぼ一定であるが、全膨張率に占める解放膨張率の割合は(2)の方が大きい。このことから(2)は(1)より、反応の終了段階に近いと判断できる。一方、残存膨張率の割合は(1)の方が大きく、(1)では今後さらに劣化が進行することが危惧される。

●試験方法

JCI-S-011「コンクリート構造物のコア試料による膨張率の測定方法」は、日本コンクリート工学会で基準化されている。

(1) コア採取：構造物から採取するコアは、直径100mm、長さ250mmを原則とし、鉄筋間隔などの影響で直径100mmでは採取できない場合でも、直径の2倍以上の長さを確保する必要がある。採取本数は、3本以上とすることが望ましい。

(2) 基長の測定：コア採取直後、ステンレス製バンドなどを用いて、ゲージプラグをコア供試体に取り付け、直ちに基長を1/1000mm単位で測定する。基調は原則100mmとし、

●残存膨張と解放膨張の概念図

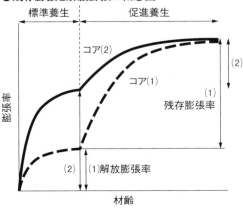

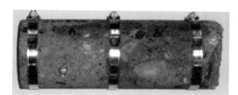

ステンレス製バンドの装着状況

コンタクトゲージによる膨張量の測定

コンタクトゲージなどを用いて測定する。なお、コア表層部50mm程度までは、ひび割れの発生、中性化、アルカリの溶出・濃縮の影響を受けている可能性が高いため、膨張率の測定箇所とはしない。

(3) 解放膨張率の測定：基長測定後、乾燥させないよう配慮して、20±2℃、95% RH以上で膨張が認められなくなるまで保管し、それ以上の膨張が認められなくなった時点の膨張率を解放膨張率とする。なお、膨張率を算出する際には、温度補正が必要である。

(4) 残存膨張率の測定：解放膨張率の測定後、40±2℃、95% RH以上で保管（促進養生）し、膨張率を測定する。それ以上の膨張が認められなくなったときの膨張率をもって、残存膨張率とする。

●留意事項

　我が国で一般的に採用されている促進条件は「40℃、95% RH以上」(旧JCI-DD2と呼ばれる)」の温湿度条件で、外部からアルカリは供給されない。この方法ではコアからのアルカリ溶出がコアの直径で異なるため、コアの直径が小さくなるとアルカリが溶出しやすくなり、最終的な膨張率が小さくなることが確認されている。一方、諸外国の促進膨張試験では、温度条件に加えて外部からNaOHやNaClを供給する方法が採用されている。そのほか、アルカリシリカ反応が疑われる構造物から採取したコア供試体を用いて、解放膨張・残存膨張を測定する際の留意事項を列挙すると、概略は以下のようになる。

(1) 解放膨張の測定値が持つ意味は必ずしも明確ではない。

(2) 残存膨張はあくまでも特定の促進環境下における結果である。

(3) 鋼材の拘束の影響を受けるため、実際の構造物の膨張挙動を予測するためには、鋼材による拘束の影響を評価する必要がある。

(4) コアの膨張率は、同一構造物でも劣化程度が一様でないため、採取箇所によって異なるだけではなく、鉄筋による拘束の違い（鉄筋量、採取方向）によっても差が生じる。

促進膨張試験

●用語の説明

促進膨張試験とは、アルカリシリカ反応が疑われるコンクリート構造物から採取したコア供試体を促進条件下に保管し、反応を促進させて、アルカリシリカ反応性の有無や最終的な膨張量を判定する試験である。

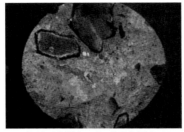
アルカリシリカ反応により生じた反応リム

アルカリシリカ反応を生じた橋台

●促進膨張試験の意義

化学法に比べて、コンクリートやモルタルによるアルカリシリカ反応の判定は確実な半面、結果を得るまでに比較的長期間を要する。これを補うため、アルカリシリカ反応が、(1) 高温・多湿な環境、(2) アルカリの供給により促進されることを利用して、コア供試体を促進条件で養生し、アルカリシリカ反応性の有無や最終的な膨張量を早期に判定する促進膨張試験が実施・運用されている。

我が国でよく採用されているJCI-S-011「コンクリート構造物のコア試料による膨張率の測定方法」は、温湿度条件として40℃、95%以上を採用しており、促進膨張試験の一種と言える。

一方、諸外国では、さらに高い温度条件を設定したり、アルカリの供給を併用して、反応をより促進した試験も実施されている。カナダ法やデンマーク法などがその代表例と言える。

●カナダ法、デンマーク法の概要と特徴

(1) カナダ法

カナダ法はモルタルバーの試験方法であるASTM C 1260 の促進条件および判定基準をコア供試体に適用した試験方法である。この方法では、高温・高アルカリの過酷な条件で反応が促進されるため、遅延膨張性骨材やペシマム混合率を有する骨材を評価できると

●コア供試体の促進膨張試験

名称	温湿度条件など	アルカリの供給	判定日数	長さ変化率の判定基準	目的	その他
JCI-S-011	40℃、95%RH以上	—	膨張の終了	—	解放・残存膨張量の測定	解放膨張量の測定後
カナダ法	80℃	1mol/l-NaOH溶液に浸漬	14日	0.1%以下:無害 0.1〜0.2%:不明瞭 0.2%以上:潜在的に有害	アルカリシリカ反応性の確認	0.1〜0.2%の場合、試験を延長
デンマーク法	50℃	飽和NaCl溶液に浸漬	91日	0.1%以下:無害 0.1〜0.4%:不明瞭 0.4%以上:有害	アルカリシリカ反応性の確認	—

されている。また、チャートが骨材に使用されている場合は、骨材が溶解し膨張を生じない。半面、無害の骨材を有害と判定する可能性がある。

(2)デンマーク法

　デンマーク法もモルタルバーのデンマーク法と同様の促進条件、判定基準の試験方法である。デンマーク法は、火山岩系骨材の判定に適しているとされている。ただし、隠微晶質石英を含む遅延膨張性骨材の検出が困難な場合が多いとされる。また、常にアルカリが供給されるので、ペシマム混合率を有する骨材の反応性も評価できる。

◉**適用上の留意事項**

　JCI-S-011は、本来解放・残存膨張量の測定を目的として実施する試験で、骨材が無害か有害かを判定する規格値は明示されていない(ただし、発注機関ごとに独自の判定基準を設けている例はある)のに対し、カナダ法、デンマーク法は規格値に基づいて、アルカリシリカ反応の危険があるか否か(骨材が無害であるか否か)を判定する試験方法である。このため例えば、JCI-S-011に規定される手順で、まず解放膨張量を測定した後、カナダ法(またはデンマーク法)に基づいて残存膨張量を測定することは可能であるが、測定された残存膨張量は、JCI-S-011の促進条件(40℃、95% RH以上)で測定される残存膨張量や全膨張量とは異なるものである。このような場合、通常の基準値を援用して、残存膨張量や全膨張量の多寡を論ずることは、現在までのところ不可能と言える。

　いずれの促進膨張試験も、アルカリシリカ反応の有無を判定する時期や基準もしくは残存膨張量の評価方法など、現在までのところ、十分なデータは得られていない。今後種々のデータを集積することにより、岩種や用途に応じた適切な判定方法や残存膨張量の評価方法が確立されるものと思われる。

酢酸ウラニル蛍光法

●用語の説明

　酢酸ウラニル蛍光法とは、コンクリート中におけるアルカリシリカ反応によって生じた生成物（アルカリシリカゲル）の有無を識別する方法の一つである。この方法は、ゲルに吸着されたウラニルイオンが紫外線下で特徴的な緑黄色の蛍光を発するという性質を利用したものである。アルカリシリカゲルの判定は蛍光の有無を確認するだけでよく、高い熟練度を必要としない。

●原理と試験方法

　この方法はアメリカ連邦道路局（FHWA-SHRP）で提案されたもので、酢酸ウラニル溶液のウラニルイオン（UO_2^{2+}）の親和性が大きくアルカリシリカゲルに吸着された陽イオン（Na^{2+}、K^+、Ca^{2+}）と置換するという特性と、紫外線下で緑黄色の蛍光を発するという特性を利用したものである。酢酸ウラニルは波長が180～280nmの紫外線に最も良く反応し蛍光を発する。このため、FHWAのSHRP-C-315では波長254nmのものを推奨している。

　右下の写真に示すように、コア表面や破断面に酢酸ウラニル溶液を塗布し、暗室でUVライトを照射すると、酢酸ウラニル溶液で処理されたアルカリシリカゲルは緑黄色の蛍光を発し、その存在の確認が可能である。

　一般的な試験方法を以下に示す。

(1) コンクリートカッターでコアを切断または割裂する。
(2) 切断または割裂した面を水で洗浄する。
(3) 切断または割裂した面に酢酸ウラニル溶液を塗布し、アルカリシリカゲルにウラニルイオンを吸着させるために、約5分間放置する。

酢酸ウラニルの塗布前

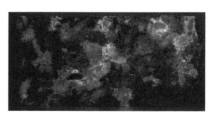

酢酸ウラニルの塗布後にアルカリシリカゲルが発光している様子（5ページ参照）

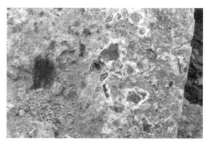

反応リムとアルカリシリカゲル

(4)未吸着の酢酸ウラニル溶液を除去するために、再度、切断面を水で洗浄する。

(5)暗室にて、酢酸ウラニル溶液を塗布した切断面に紫外線を照射する。

(6)緑黄色の蛍光を発する部分をアルカリシリカゲルとして識別する。

●アルカリシリカゲルの観察

　酢酸ウラニル蛍光法は、アルカリシリカゲルの存在の有無を目視により識別を可能とする方法である。また、アルカリシリカ反応に関係する調査・分析方法には、以下のような方法がある。これらを併用することにより、ゲル識別をはじめ化学組成やひび割れなど詳細な調査を行うことができる。構造物の損傷の原因がアルカリシリカ反応によるものであるかどうかを判定する場合にも有効な方法である。

・偏光顕微鏡観察：ゲル識別、骨材およびひび割れ、アルカリシリカゲル発生状況の観察
・湿式成分分析、蛍光X線分析による化学分析：CaO、SiO$_2$、Na$_2$O+K$_2$Oの成分割合の観察
・示差熱重量分析(TG/DTA)：加熱または冷却過程でのエネルギーの吸放出の観察によるゲル識別
・赤外分光分析(IR)：アルカリシリケートや炭酸イオンの吸収スペクトルの測定
・走査型電子顕微鏡観察(SEM-EDXA)：元素分析、真空乾燥過程における微細ひび割れの観察
・電子線マイクロアナライザー観察(EPMA-EDS)：元素分析、反応リムや骨材界面の観察

●試験実施上の留意点

　酢酸ウラニルは、「核原料物質、核燃料物質及び原子炉の規制に関する法律」に基づく核燃料に相当する「国際規制物質」の一つであり、法律によって厳しい管理が義務付けられている。このため、酢酸ウラニルは使用許可を受けた施設(MBA)でなければ使用できないことになっている。また、廃液や塗布試料は廃棄処分することができず、現状では原則として施設内に保管廃棄(永久保存)しなければならない。また、波長254nmの紫外線は、人体に有害で取扱いに注意が必要である。このため、現在では本方法によるアルカリシリカゲルの観察を行うことが難しくなっている。

　以上のことから、代替法としてゲルフルオレッセンス法が開発されている。この手法は、取り扱いが簡便な硝酸ウラニン標準液(ICP汎用混合液：2% HNO3溶液、29元素含有、0.0017%の硝酸ウラニルを含む)を用い、濃度の薄い(酢酸ウラニル法の4/10,000)酢酸ウラニル溶液を調合し、酢酸ウラニル法とほぼ同様の方法でウラニルイオンを吸着させて、紫外線による発光の有無でアルカリシリカゲルの判定を行う方法である。発光は微弱なため高感度のデジタルカメラで識別する。この手法は特許申請されているため、実施時には申請者への確認が必要である。

電子線マイクロアナライザー

●用語の説明

　電子線マイクロアナライザー (Electron Probe Micro Analyzer、EPMA) とは物質表面の構成元素を定性・定量分析するための分析装置で、表面の元素分布状態をマッピング分析(カラー表示)することができる。

●測定原理と装置

　EPMAは鏡体部と試料室、波長分散型X線分光器(WDS)、ディスプレーおよび操作部から構成される。電子線は鏡体部トップの電子銃陰極(フィラメント)を加熱して発生した電子を通常5 ～ 40kVに加速して得られる。この電子線は電磁レンズ作用で4 ～ 100nm程度まで細く絞られ試料に照射される。

　試料は高真空(10^{-3}Pa以上)の試料室内に置かれ、表面を走査型電子顕微鏡(SEM)と同様に走査コイルで二次元方向に走査する。電子線が試料に当たると試料から元素に特有の特性X線が発生し、この特性X線を分光器で分光することにより試料の元素分析ができる。

　コンクリートを対象としたEPMA分析では、試料の最大寸法は一般的に100×100mm程度。最大厚さは20 ～ 50mm程度であり、マッピング分析は試料台をスキャンして行われる。

電子線マイクロアナライザーの例

●得られる情報

　EPMAをコンクリート断面のマッピング分析に適用することで、様々な劣化要因を調査することができる。例えば、炭素(C)を分析することでコンクリート表面か

●EPMAの測定原理

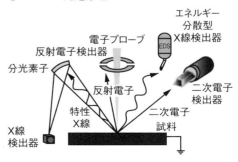

らの中性化(炭酸化)の進行状況を、塩素(Cl)を分析することで塩化物イオンの浸透深さを、そして、硫黄(S)を分析することで、下水道施設の劣化進行状況などを解析することができる。さらに、補修材料の含浸深さの確認や防食材料の耐久性評価などにも活用されている。

◉測定例

　EPMAの適用例として、塩分環境下で中性化したコンクリートのマッピング分析結果を以下に示す。

　各元素の濃度は、赤>橙>黄>緑>青>紫>白の順に示される。またこの例では、左側から中性化が進行している。炭素(C)の測定結果では、左端に赤い線状の部分が、次いで黄色い部分がある。これから、CO_2が左側からコンクリート中に浸入していることが分かる(5ページ参照)。

　なお、点在する赤い塊は石灰石骨材(主に$CaCO_3$)である。塩素(Cl)の測定結果では、左側から紫⇒赤⇒黄色となっている。しかも中性化の進行した部分(炭素の測定結果で黄色い部分)と塩素イオン濃度の比較的低い部分(塩素の測定結果で紫色の部分)はほぼ一致している。これらのことから中性化の影響により、いわゆる中性化フロントに塩素イオンの集中が起こっていることが分かる。ナトリウム(Na)とカリウム(K)の測定結果では、左側に濃度の高い部分があり、成分が左側に移動している状況が示されている。

●マッピング分析結果の例

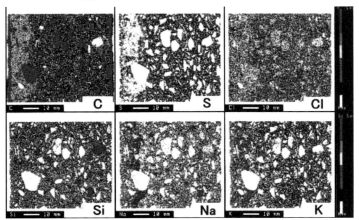

塩分環境下で中性化したコンクリートのマッピング分析結果(5ページ参照)

走査型電子顕微鏡

●用語の説明

走査型電子顕微鏡(Scanning Electron Microscope、SEM)とは、二次電子、反射電子などの信号を検出し、電子線を当てた座標の情報と組み合わせることによって、像を構築し、画面上に試料表面の拡大像を表示する超高倍率の顕微鏡である。

●測定原理

真空中で細く絞った電子ビームを試料表面に照射すると、試料表面から二次電子、反射電子などの信号が発生する。走査型電子顕微鏡(SEM)では、鏡体内の電子銃でつくられた電子ビームが試料に向かう過程でコンデンサレンズ・対物レンズといった電磁レンズによって細く絞り込まれ、偏向コイルに走査信号を加えることにより電子ビームを試料表面で走査させる。二次電子、反射電子などの信号は検出する二次電子検出器、反射電子検出器およびX線検出器により検出され、電子線を当てた座標の情報と組み合わせることにより、拡大像を形成する。鏡体および試料室内部を高真空に排気することが必要であるため、試料室下部には真空ポンプが接続されている。

●得られる情報

可視光の波長によって制約を受ける光学顕微鏡の分解能は理論上100nm程度であるが、走査型電子顕微鏡は光学顕微鏡と比較して焦点深度が2桁以上深く、広範囲に焦点の合った立体的な像を得ることができ、理論的な分解能は0.1nm程度とされている。

走査型電子顕微鏡は、その分解能を生かして、コンクリート中の空隙の形態やアルカリシ

走査型電子顕微鏡の例

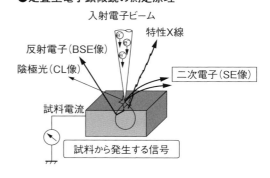

●走査型電子顕微鏡の測定原理

入射電子ビーム

特性X線

反射電子(BSE像)

陰極光(CL像)

二次電子(SE像)

試料電流

試料から発生する信号

リカゲルの存在状態、さらに高倍率ではセメント水和物の生成状態の観察に利用されているが、一般的なSEMでは試料の最大寸法はϕ20mm程度。最大厚さも20mm程度である。また、SEMにX線検出器を装着して元素分析をすることも可能で、どんな元素が、どの部分に、どの程度含まれているかを調べるX線分析装置としても活用されている。

なお、試料表面から発生する特性X線をX線分光器で分析し、定性分析ができる。電子線を走査せずに試料上の一点に固定し、照射点の元素分析を行うことや、指定した範囲を走査しながら元素分析することで元素分布の分析（面分析）も行うことができる。

◉測定上の留意点

SEMでは、主として二次電子または反射電子信号を用いて像を形成する。二次電子は試料表面近くから発生する電子で、それを検出して得られた二次電子像は試料の微細な凹凸を反映する。検出した二次電子の検出量を画面の明るさに変換するとともに、電子線の走査とディスプレーの走査を同期させると、拡大像が現れる。従って、SEMの倍率はディスプレー上の画面幅と試料上で電子線を走査している幅の比になる。つまり、高倍率で観察するということは、走査領域を小さくすることにつながる。

一方、反射電子は試料を構成している原子に当たって跳ね返された電子で、反射電子の数は試料の組成（平均原子番号、結晶方位など）に依存する。このため、反射電子像は平均原子番号の違いをコントラストの違いとして検出できるので、試料表面の組成分布を反映した像となり、構成元素の違う部位が明瞭に分かる。こうしたことから反射電子像を組成像とも呼ぶ。

セメント水和物のSEM写真の例。左はエトリンガイトで、右はモノサルフェート

偏光顕微鏡

●用語の説明

　偏光顕微鏡とは、偏光を利用した顕微鏡であり、岩石や鉱物の観察をはじめ、広く結晶の光学的性質を調べる際に使用されている。

●観察の原理

　自然光がランダムな方向に振動するのに対し、下の図のように偏光素子を通過した光は、振動が直線的で一つの平面内に乗っている(直線偏光または平面偏光と呼ぶ)。自然光を直線偏光に変える素子として、偏光板や偏光プリズムがあるが、一つ目の偏光素子と二つ目の偏光素子をそれぞれの直線偏光が透過する方向が直交するように配置すると光は遮断され、真っ暗になる。この状態を直交ニコル(クロスニコル)と言う。　これに対し、二つの偏光素子の方向を、直線偏光が透過する方向に一致させると光の透過率は最大になる。この状態を平行ニコル(オープンニコル)という。

　右ページ上の図の直交ニコルに配置した二つの偏光板A、Pで、光源からの光は、偏光板Pを通過して、直接偏光となる。偏光板Aは直交ニコルで配置されているため、光は通過できない。ここで、偏光板PとAの間で光の屈折が生じると、光は斜め方向に屈折して、角度の異なる部分が発生し、偏光板Aを通過する。

　岩石を構成する鉱物は結晶質で、屈折率を含め様々な光学的性質を持っているので、偏光板PとAの間に観察したい鉱物を設置すれば、光学的に異方な鉱物を透過した光は2方向に分散(偏光)して進むため、直交ニコルでも偏光板Aを通過できる成分が現れ,鉱物が美しい色として観察できるようになる。

　このとき、偏光板Aを通過できる光の成分が大きくなるほど明るく見える。これは、鉱物の屈折率が大きいほど、屈折面が傾いているほど明るく見えることを示している。

●光の偏光

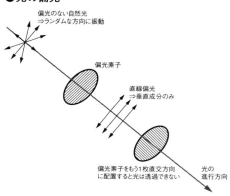

偏光のない自然光
⇒ランダムな方向に振動

偏光素子

直線偏光
⇒垂直成分のみ

偏光素子をもう1枚直交方向
に配置すると光は透過できない

光の
進行方向

●鉱物の調査

　偏光顕微鏡では、岩石を構成する個々の鉱物を判定できる。岩石の観察に用いる偏光顕微鏡は透過型が一般的で、岩石

● 直交ニコル(a)と平行ニコル(b)

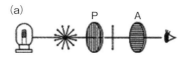
(a)

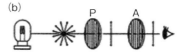
(b)

P：ポラライザー、A：アナライザー

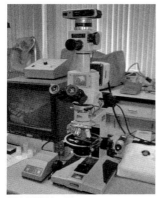

偏光顕微鏡の例

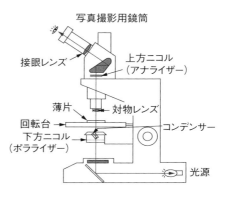

写真撮影用鏡筒

接眼レンズ

上方ニコル
（アナライザー）

薄片

対物レンズ

回転台

コンデンサー

下方ニコル
（ポラライザー）

光源

の場合、厚さ20μm程度の薄片に成型して試料とする。この試料を二つの偏光素子の間に配置して観察する。ここで二つの偏光素子(上方/下方ニコル)は双方の光の振動面が90°で交わる(直交ニコル)ように配置されている。岩石の観察は、上方ニコルを取り外した状態(平行ニコル)と取り付けた状態(直交ニコル)の状態で行う。平行ニコルでは、鉱物の大きさ、形、へき開、屈折率の違い、組織などを観察する。一方、直交ニコルでは、ステージを回転し、明るさを変化させて観察する。着目点は、干渉色、双晶の有無、組成の違い、結晶軸の方向、結晶の成長などである。これらの情報を組み合わせて、鉱物名を同定することができる。

平行ニコル

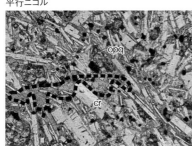

直交ニコル

輝石安山岩の観察結果の例。直交ニコル(右)では黒く見える部分、平行ニコル(左)では点線で囲まれた部分がクリストバライト(5ページ参照)

粉末X線回折

●用語の説明

　粉末X線回折(X-ray Diffraction、XRD)とは、多結晶体の試料にX線を入射し、回折X線の角度と強度を測定することによって試料の結晶構造を調べる定性分析方法で、X線結晶構造解析とも呼ばれる。

●粉末X線回折の原理

　結晶とは、原子が三次元的に規則正しく並んでいる格子のことで、格子は右の図に示すように平行でかつ等間隔な平面群によって分割できる。このような平面を格子面という。これらの格子面間隔の組み合わせは、その結晶固有のものである。

　結晶にX線が入射すると格子面が回折格子の役目をし、X線は特定方向へ散乱する。これをX線回折現象という。平行に並んでいる格子面の間隔を面間隔d、格子面に対するX線の入射角および反射角をθとする。それぞれの結晶面からの散乱波は隣接する結晶面からの散乱波との光路差$2d\sin\theta$が波長の整数倍$n\lambda$に等しいときにだけ位相がそろい、回折現象が起こる。

　　　　$n\lambda = 2d\sin\theta$

　ここではnは整数、λは波長である。

●結晶の格子面

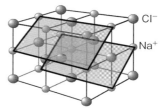

Cl^-
Na^+

●ブラッグ反射

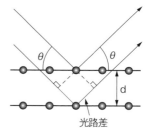

光路差

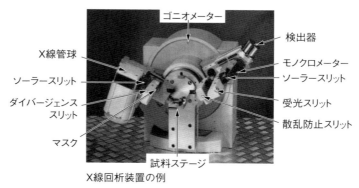

ゴニオメーター
検出器
X線管球
モノクロメーター
ソーラースリット
ソーラースリット
ダイバージェンス
スリット
受光スリット
散乱防止スリット
マスク
試料ステージ
X線回析装置の例

　この式をブラッグの式と呼び、回折角をブラッグ角、回折線のことをブラッグ反射と言う。波長(λ)が既知である特性X線を試料に照射し、その回折角を正確に測定すれば、結晶面間隔がブラッグの式より求まる。このブラッグ反射は間接的に結晶情報を表し、試料結晶が有する独自の回折パターンから、試料結晶を特定することができる。

◉測定例

　粉末X線回折では、少量の粉末(1g程度)で結晶質成分の定性分析(同定)ができる。例えば、骨材中のアルカリシリカ反応を引き起こすような有害鉱物の有無、コンクリート構造物のポップアウトの原因となりうるフリーライムの有無、セメントの水和物の同定、そのほか様々な結晶質成分の同定を迅速に行うことができる。現在はコンピューターによる自動検索が一般的であり、ICDD (International Centre for Diffraction Data) 標準パターン(約16万)と測定パターンの比較により化合物の結晶相同定を行っている。

●X線回折結果の一例

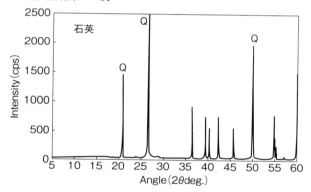

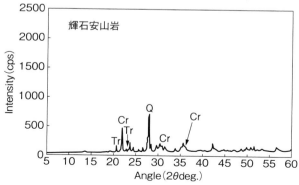

ともにSiO₂を主成分とする石英(上図)と輝石安山岩(下図)の回折結果(XRDチャート)。石英では石英(Q)のみが確認されるのに対し、輝石安山岩では石英とともに、アルカリシリカ反応性鉱物であるクリストバライト(Cr)やトリディマイト(Tr)が確認される

キーワード

93

蛍光X線分析

●用語の説明

　蛍光X線分析(X-ray Fluorescence Analysis、XRF)とは、物質にX線を照射したときに出る蛍光X線を利用して行う元素分析方法である。

●測定の原理

　原子の周りには電子が軌道を描いて回っている。電子軌道は内殻から、K、L、M殻と名付けられているが、エネルギー準位がとびとびであるとともに元素によって特有の値を持っている。

蛍光X線分析装置の例

　一定以上のエネルギーを持つX線で物質を照射すると、その物質を構成する原子の内殻電子が励起されて電子の空孔が生じる。この空孔には外殻の電子が遷移するが、その際に蛍光X線を放出する。このX線の波長(エネルギー)は、内殻と外殻のエネルギー差に対応し、かつ元素ごとに固有である。蛍光X線分析では、X線の波長で定性分析を、強度で定量分析(元素濃度の測定)を行う。

　定量分析のためには、濃度既知のサンプルを数点事前に測定することで検量線を作成する方法が一般的であるが、試料を構成している元素の種類とその組成がすべて分かれば、それぞれの蛍光X線の強度を理論的に計算可能であることを利用して定量化する(ファンダメンタル・パラメーター法、略称、FP法)ことも可能である。

●電子軌道と蛍光X線

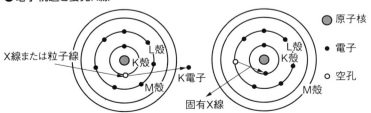

X線または粒子線　K殻　L殻　M殻　K電子　固有X線　● 原子核　・ 電子　○ 空孔

●蛍光X線分析装置と留意事項

　蛍光X線分析装置は、蛍光X線のエネルギー分析の仕方から、波長分散型とエネルギ

一分散型に大別できる。波長分散型はブラッグの法則を利用した結晶分光器を用いてX線を波長により分割し、分析を行う。エネルギー分散型は、検出器自体がX線のエネルギー分析機能を持つ半導体検出器を用いている。エネルギー分散型は、波長分散型に比べて小型であり、FP法を利用することで標準試料無しで定量ができるという特徴を持つが、感度的には波長分散型に劣り、一般的にエネルギー分解能も低い。

検出元素は、波長分散型の場合BからUまでであるが、軽元素ほど感度が低い傾向にある。

蛍光X線分析に際しては、共存成分の影響に配慮が必要である。すなわち、A元素の蛍光X線が別のB元素を励起すると、B元素は入射X線以上のX線の照射を受けたこととなり、B元素から多量の蛍光X線が放出される。反対に、発生した蛍光X線がB元素を励起したため、A元素から検出される蛍光X線は少なくなり、いずれの場合もX線検出感度が低下する。

●蛍光X線分析装置の概略図

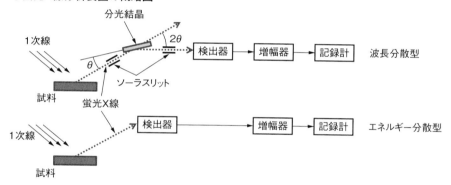

●蛍光X線分析の特徴と適用例

蛍光X線分析は、測定が簡便、短時間で実施できる、非破壊でも実施可能(蛍光X線分析に用いた試料を別の分析試料とすることも可能)、対象試料の範囲が広い、定性、定量分析が行えるなど、有用性が非常に高い。このため多くの分野において未知材料の一次スクリーニングのための分析手法として、まずはXRFでおよその見当をつけてから、その後の方針を決めていくことなどに利用されている。

分析の対象は、極めて多岐にわたり、金属、セメント、油、ポリマー、プラスチック、食品などから、鉱業、鉱物学、地質学、さらに水や廃棄物などを対象とした環境分析にまで及ぶ。さらにハンディータイプの機種も発売されている。

コンクリート構造物の診断分野でも、サンプリング誤差の影響を無視すれば、数グラムの試料で、しかも試料を変質させることなく実施可能なことから、例えば析出物や変色部の一次スクリーニングに多く用いられている。

原子吸光分析

◉用語の説明

　原子吸光分析とは、金属元素類の高感度分析法の一種で、試料中の目的元素を燃料による炎や黒鉛炉による加熱で原子化し、その原子中で元素固有の共鳴線が吸収される現象を利用して目的元素の濃度を測定する分析法である。

　原子吸光分析は、非常に高い感度を持つため、環境分析など、微量分析に用いられる。セメントの分析に用いる場合にも、主に微量成分の分析に使用される。

原子吸光光度計

試料の投入状況

◉原子吸光光度計

　原子吸光分析に用いる原子吸光光度計は、光源、原子化部、分光器、測光部より構成される。光源は目的の元素を陰極に用い不活性ガスとともに封入されたホローカソードランプを使用する。試料の原子化方式には、高温の炎による熱分解によるもの(フレーム型)、黒鉛(グラファイト)などの電気炉によるもの(ファーネス型)がある。ファーネス型の方が感度が高く、より微量の金属測定に利用される。分光器、測光部は分光光度計と同様のものが用いられる。

●原子吸光光度計の概略構成図

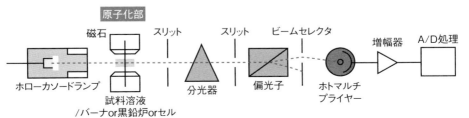

●各種微量分析方法の定量下限

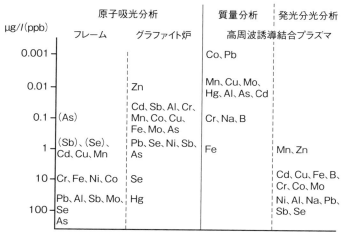

（　）:加熱石英セル、水素化物発生法

◉原子吸光分析の原理

　物質を高温度(1700 ～ 2700℃)中に置くと熱分解する。またこのような状態では、ほとんどの原子が基底状態にある。原子は、それぞれ固有のエネルギー準位を持ち、基底状態の原子にその元素特有の波長の光を透過させると原子が光を吸収して励起状態に遷移する。このように原子状元素はその元素に固有の波長の光を吸収したり放出したりする。この光の吸収割合(吸光度)を利用して元素濃度を測定することができる。

◉原子吸光分析と吸光光度分析の違い

　原子吸光分析は吸光光度分析と原理的には類似している。吸光光度分析は常温で生じる分子の吸光を観察している。吸光光度分析で対象としている溶液中の化学種は一般に広い波長範囲の光を吸収する。このため吸光光度分析では、タングステンランプ1個で350 ～ 800nmに吸収を持つ化学種が測定できる。一方、原子吸光分析では、自ら光を出している炎を通して、原子の吸光を観察している。原子吸光分析で対象としている基底状態の原子の吸収スペクトルは、幅が非常に狭い線スペクトルになるため、他元素による吸収スペクトルと重なる可能性が小さくなる。半面、原子吸光のスペクトル幅が狭く、原則として各元素に1個の光源を必要とするため、測定したい元素の数だけランプを用意しなくてはならない。以上のような理由により、原子吸光分析は吸光光度分析よりも非常に高い選択性と感度を持つ分析方法となっている。

チオシアン酸水銀(Ⅱ)吸光光度法

◉用語の説明

　吸光光度法とは、波長約200nmから2500nmまでの特定の波長における光の吸収の程度、すなわち吸光度を分光光度計で測定して、定性・定量を行う分析方法である。

分光光度計

試料セルの例

◉吸光光度分析の原理

　ほとんどの物質は、可視光、紫外光、赤外光を吸収する。吸光分析では、物質にその物質がよく吸収する波長の光を当て、反対側に光が透過した割合(透過率)を測定する。

　軌道電子が光(電磁波)との相互作用により別軌道に移ることで、二つの軌道のエネルギーの差に応じた波長の電磁波(光)が吸収される。これが光の吸収の仕組みである。原子吸光分析と吸光光度分析はいずれもこの光の吸収を利用しているが、原子吸光分析が原子レベルの電子軌道のエネルギー差が元素により異なる固有の値であることを利用しているのに対し、吸光光度分析が利用するのは分子レベルのエネルギー差で、使用する光源は紫外〜可視光となる。なお、金属は原子レベルでは分析できないので、呈色反応によって錯体などの分子レベルにして測定する。

　吸光光度分析法は、広い意味の比色分析に含まれる分析法であるが、可視部だけでなく近紫外部、近赤外部も含めて特定の波長における溶液の吸光度(または透過度)を光電的に測定する。また、濃度はランベルト―ベール(ブーゲ―ベール)の法則に基づいて算定する。

　ランベルト―ベールの法則は、吸光度は光路長と吸光係数に比例するという法則で、以下の式を用いる。

●光路長Lの溶液を通過する光の吸収

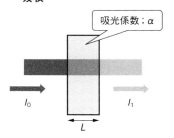

吸光係数；α

I_0　　　I_1

L

$$\log (I_0/I_1) = aL = \varepsilon cL$$

ここに、I_0：入射光強度、I_1：透過光強度、L：光路長、c：溶質濃度、a：吸光係数
$c = 1\,\mathrm{mol/l}$、$L = 1\,\mathrm{cm}$とした時のεをモル吸光係数と呼び、$a = \varepsilon c$である。
$\log (I_0/I_1)$が吸光度である。

◉分光光度計の仕組み

　吸光光度分析では、光が溶液中を透過する時、溶質による光の吸収を分光光度計によって定量的に測定する。この際、分析する試料溶液による光の吸収と参照(溶媒のみ)を光が透過するときの光の吸収の双方を分光光度計によって測定し、両者を比較して、セルの影響などを排除し、真の吸収量とする。下図に分光光度計の仕組みを示す。なお、測定結果を定量化するためには、あらかじめ検量線を得ておく必要がある。

●分光光度計の仕組み

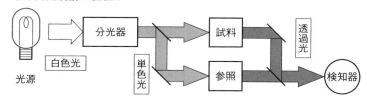

◉吸光光度分析法の特徴と適用例

　吸光光度分析法は、機器分析の中では最も化学的知識を必要とする方法と言える。これは、試料中の目的成分には有色成分がほとんどないことが多く、何らかの化学反応により呈色させる必要があるが、そのためには目的成分の呈色化学反応機構を理解しておく必要があることなどによる。

　半面、分光光度計は分析機器の中で最も普及している機器で、高価なものが多い分析機器としては比較的安価であり、メンテナンスや取り扱いが容易である。また、ある特定の成分の分析であれば、単色光を光源としたコンパクトで安価な分光光度計が使用可能で、フィールド測定などにも用いられている。

　JIS A 1154「硬化コンクリート中に含まれる塩化物イオンの試験方法」(174ページ参照)では、塩化物イオンの定量方法の一つとして、「チオシアン酸水銀(Ⅱ)吸光光度法」が規格化されている。この方法は、塩化物イオンが含まれる溶液に、チオシアン酸水銀(Ⅱ)および硫酸アンモニウム鉄(Ⅲ)を加えた時、塩化物イオンによって置換されたチオシアン酸イオンと鉄(Ⅲ)とが反応して生じるだいだい赤の錯体の吸光度、すなわち錯体の量を測定して、塩化物イオンを定量する方法である。測定は共栓メスシリンダーに分取した溶液に上記両試薬を加えよく振り混ぜ20℃で10分放置した後、波長460mm付近の吸光度を測定し、検量線から定量を行う。

UVスペクトル法

●用語の説明

　ＵＶスペクトル法（可視紫外線吸収スペクトル法）とは、可視紫外線分光光度計を用いて硬化コンクリート中の化学混和剤の定量を行う方法である。コンクリートのＵＶスペクトルを測定した場合、その吸光度はコンクリート中の化学混和剤の特性が支配的であることから、コンクリートに用いられた化学混和剤を定量的に把握することが可能である。また、ＵＶスペクトル分析結果と検量線を用いることにより、火災を受けたコンクリート構造物の受熱温度を推定する方法として有効である。

紫外可視近赤外分光光度計

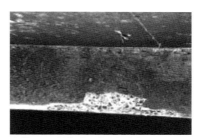

火災による梁部分の爆裂の例

●測定原理

　コンクリートの構成材料のうち骨材や結合材は無機物質であるため紫外線吸収がほとんど認められないが、リグニンスルフォン酸塩のように共役二重結合を持つ有機系化合物である混和剤は波長域が200 ～ 400nmの紫外線を吸収する度合いが大きい。コンクリート構造物が火災などによって高温履歴を受けた場合、コンクリート中に存在する有機系化合物は受熱温度の程度により構造が変化し、紫外吸収特性も変化する。

　コンクリートの加熱温度を変化させた場合のＵＶスペクトルの測定例は右ページ左図に示すように、受熱温度が600℃程度以下の範囲においてＵＶスペクトルに顕著な差が認められ、火災を受けたコンクリート構造物のＵＶスペクトル分析を行うことで構造物が受けた温度を推定することが可能である。しかし、コンクリートに使用された混和剤の種類や添加量のほか、試料の前処理方法によって得られるＵＶスペクトルは異なるため、その推定精度は劣ることになる。

　なお、調査対象のコンクリート構造物における健全部のコンクリートを用いて、異なった温度に加熱した試料のＵＶスペクトル分析結果から右ページ右図に示すような吸光度と加

●コンクリートのUVスペクトル測定例
（加熱温度による吸光度の相違）

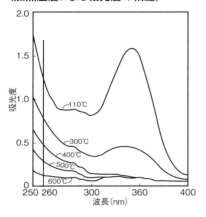

●吸光度と受熱温度の検量線例
（試料の吸光度から受熱温度を推定）

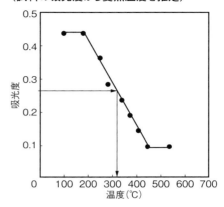

分
析

熱温度との関係を表す検量線をあらかじめ作成することにより、調査対象の部位の吸光度
に相当する受熱温度を検量線から精度良く推定することが可能となる。

◉測定方法

　コンクリート構造物から健全部と火害部のコア試料を採取し、表層部分より深さ方向に
スライスし、このモルタル部分を10μm以下に微粉砕して測定用試料とする。

　試料のUVスペクトルの測定は、以下のような手順で実施する。

(1) 試料に対して純水を加えて60分間煮沸した後、吸引ろ過したろ液に塩酸を添加し再度
　ろ過し抽出液とする。ろ過後の残渣は同様な処理を行い2回目の抽出液を得る。

(2) 2回の抽出液試料を分光光度計を用いて可視紫外線スペクトルを測定し、それぞれの
　波長260nm吸光度の合計量を合計吸光度とする。

(3) 110℃から600℃まで6点以上異なる温度で1時間加熱した健全部のコンクリート試料か
　ら微粉砕試料を用いて、各加熱温度の吸光度を求め、検量線を作成する。

(4) 評価しようとする部位のコンクリートの吸光度から検量線を用いて受熱温度を求める。

◉留意事項

　UVスペクトル法は、リグニンスルフォン酸系やナフタリンスルフォン酸系の混和剤を用い
たコンクリートに適用可能であるが、メラミンスルフォン酸系と天然樹脂系およびオキシカ
ルボン酸系の混和剤を用いたコンクリートには適用が難しい。このような場合は、過マンガ
ン酸カリウムによる酸素消費量の定量分析が受熱温度の推定に有効である。また、中性
化測定でフェノールフタレイン溶液を噴霧した試料およびすすや仕上げ材などの混和剤以
外の有機物が混入した試料は、受熱温度の推定精度が低下するため注意が必要である。

過マンガン酸カリによる火害の推定方法

1 用語の説明

　火災による影響でコンクリートや鉄筋の強度低下が生じることがある。そのため、コンクリートの受熱温度の推定が必要となる。受熱温度の推定方法として、コンクリート中の化学混和剤濃度を分析して推定する方法があり、UVスペクトル法(UV法、キーワード96)と過マンガン酸カリ法(KMnO₄法)やTOC法などが提案されている。

2 測定の原理

　KMnO₄法は、多くの化学混和剤に適用が可能と考えられる。微破砕した試料から、温水で化学混和剤を抽出して試料の溶液を採取したのち、溶液を硫酸酸性とし、KMnO₄で滴定する。KMnO₄は酸化剤で、化学混和剤は還元剤として働くため、KMnO₄の消費量と化学混和剤濃度には相関がある。そこで、受熱温度とKMnO₄の消費量の関係を検量線として利用して火害部の受熱温度を推定することができる。

●化学混和剤の種類

記号	主成分
A	リグニン系
B	リグニン系とポリカルボン酸系の複合
C	ポリカルボン酸系
D	ポリカルボン酸系

●KMnO₄の消費量と加熱温度(検量線の例)

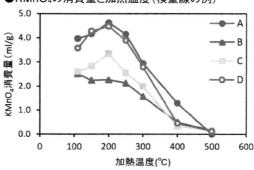

3　測定手法

1) 火災を受けたコンクリートから試料を採取し、その試料から代表的な粉末0.5gを約10mlの水で分散させ、硫酸(1+8) 10mlを加え、加熱分解させる。

2) 水を加えて全容量を約50mlとし、再加熱後にアンモニア水(1+1) にて中和したのち、さらにアンモニア水を2、3滴過剰に加える。これは鉄イオンを除去するためである。

3) JIS K 0102の懸濁物質測定方法により、ガラス繊維ろ紙を用いて吸引ろ過し、アンモニア水(1+1) にて数回洗浄。ろ液を300mlのフラスコに採取する。

4) 得られた液に水を加えて100mlとし、硫酸(1+1) 10mlを加えた後、硫酸銀の粉末1gを加えて撹拌する。

5) N/40シュウ酸ナトリウム10mlを加え、60 ～ 80℃に保持しながら、N/40過マンガン酸カリウム溶液で逆滴定する。

6) 液の色が薄紫色を呈する点を終点として、N/40過マンガン酸カリウム消費量を求める。

こうして得られたN/40過マンガン酸カリウム消費量と履歴温度との関係を検量線として用いる。

4　TOC法

過マンガン酸カリにより検量線を用いて受熱温度を推定する方法は、前処理が煩雑であり、簡易な方法としてTOC法が提案されている。TOC法は、全有機体炭素計(TOC計)を用いて有機化合物である化学混和剤を分析する方法として提案されている。

TOC法は試料が少なくでき、前処理である粉砕での抽出作業を省略できる。

下図は、試料200mgに塩酸を添加し、乾燥後にTOC計で測定した結果について加熱温度との関係を示したものである。

なお、受熱温度の測定では、コンクリート表面に近い部位では測定結果に信頼性がないことが知られている。

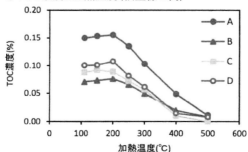

●TOC濃度と加熱温度（検量線の例）

[参考文献] 奥村勇馬、吉田夏樹、新大軌:火害を受けたコンクリート受熱温度推定手法の改良、GBRC、Vol.44、No.4、2019.10

赤外分光分析

●用語の説明

赤外分光分析（infrared spectroscopic analysis、略称IR）とは、物質により、光エネルギー（赤外線）の吸収の仕方が違うことを利用して、対象物の分子構造や状態を知る分析方法で、赤外吸収スペクトル法、IRスペクトル法とも呼ばれている。

赤外分光光度計の例（FT-IR）

●測定の原理

分子は常に振動したり回転したりしているが、赤外線領域の光は、分子の振動エネルギーと同等のエネルギー領域を持つ電磁波である。このため物質に赤外線を照射した場合、共鳴が起こり、分子の振動が変化する。共鳴する赤外線の波長は、原子の重さと結合の強さにより異なる。物質に赤外線を照射し、外部から観察した場合、この現象は特定の波長の赤外線が吸収される（特性吸収）という形で捉えることができる。

赤外分光分析では、主に波長2.5 〜 25μmの赤外線を試料に照射し、赤外吸収スペクトルを測定する。赤外光の吸収のされ方、すなわち吸収される赤外線の波長や吸収される程度（吸光度または透過率）を知ることにより、その原子の種類と結合状態（多重結合や官能基の有無）を知ることができる。

●伸縮振動形式

対称　　　　　　　　　　　　　逆対称

変角振動形式

はさみ　　　横ゆれ　　　ひねり　　　縦ゆれ

分子の振動：伸縮振動と変角振動があり、それぞれに振動エネルギーが異なっている。このため、一つの結合で二つの波長の赤外光が吸収される

◉IRとFT-IR

　赤外分光分析には、赤外分光光度計を用いる。赤外分光光度計は、物質に赤外光を当て、透過・反射した光を集めて分光し、スペクトルを得る装置である。

　赤外分光光度計には分光の方法の違いにより、フーリエ変換型赤外分光光度計(FT-IR)と分散型赤外分光光度計の二つの形がある。分光方法の違いとは、回折格子を使用して各波長の光を分散させる分散型IRと、干渉計によって得られる干渉光をデジタル信号化し、それをコンピューターでフーリエ変換するフーリエ変換型(FT-IR)であり、現在ではFT-IRが主流となっている。

●分散型IRとFT-R

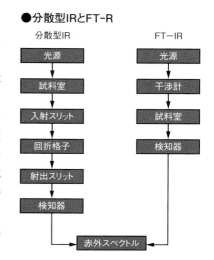

◉赤外分光分析の適用と留意事項

　赤外分光分析は、特にカルボニル基やメチル基などの官能基に関して、詳細で正確な情報を得ることができる。半面、無機物については、官能基ほどの情報を得ることは難しい。このため、セメントコンクリートの分野では、混和剤などの有機物を対象とした分析に用いられることが多い。

　また試料は気体、液体、固体のいずれの形態でも測定可能であるが、特にFT-IRは分散型IRと比べて高感度の分析が可能となり、多くの測定手法を用いることができる。

　測定手法には透過法と反射法があり、透過法の代表例はKBr錠剤法である。この方法は粉末、または粉砕して微粉末にできる試料が対象で、臭化カリウムとともに錠剤化して測定する。ただし、吸湿性が高い、赤外線を透過しにくいといった試料には向かない。

　反射法の代表例はATR法(全反射法)であり、赤外光がプリズム内で全反射する際に生じる試料への光のもぐり込みを利用した測定法である。試料を挟んで、プリズムに密着させるだけで測定可能なため、液体、固体、粉末、フィルムなど、適用範囲が広い。

●混和剤(ポリカルボン酸系)の吸収スペクトル測定例

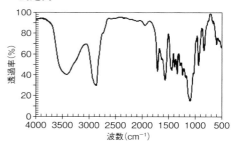

水銀圧入式ポロシメーター

●用語の説明

　多孔体に水銀を圧入させることにより、その内部の空隙の大きさの分布や量を測定する装置。水銀の表面張力が大きいことを利用して細孔に水銀を浸入させるために圧力を加え、圧力と圧入された水銀量から比表面積や細孔径分布を求めることができる。

水銀圧入式ポロシメーター

●D-乾燥

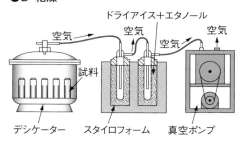

ドライアイス＋エタノール

空気　空気　空気　空気

試料

デシケーター　スタイロフォーム　真空ポンプ

●測定の概要

　コンクリートを2.5〜5mmに粉砕し、粗骨材は取り除く。アセトン処理および試料を真空処理できる容器に入れ、微細な孔に入っている水分や様々なガスを取り除く処理(D—乾燥)を行い、水和を停止させる。水銀は、圧力を上げれば上げるだけ小さな孔に入っていく。掛けた圧力と水銀の変化量を調べると、細孔の径(横軸)と細孔の容積(縦軸)の関係のグラフ(細孔径分布曲線)ができる。

●調査・測定の対象

　水銀圧入式ポロシメーターは、セメント硬化体など、多孔材料の細孔の大きさを評価できる。細孔の評価範囲が広いことが特徴で、小さい細孔も捉えることができ、汎用的な装置として使用されている。

●判定方法

　円筒形の細孔(直径D)に表面張力σ、接触角θの水銀が入ると、平衡状態では表面張力により液体を押し出す方向に働く力、$-\pi D \sigma \cos\theta$が発生する。この力に対して液体を押し込む方向に加わる力、$(\pi D^2/4) P$は等しくなる。従って、右ページの式が成立する。

る段階であり、劣化期は腐食により耐荷力が顕著に低下する段階である(「19 塩害」、50ページ参照)。

◉疲労の劣化過程

鉄筋コンクリート床版の疲労を例にすると、下の図に示すようなひび割れとの対応が取れる(「24 疲労」、60ページ参照)。

●鉄筋コンクリートの床版の疲労による劣化進行の例

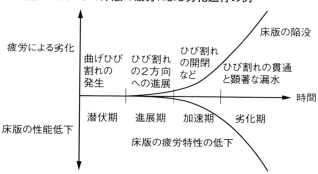

◉アルカリシリカ反応の劣化過程

アルカリシリカ反応(ASR)による影響を受けた構造物の劣化評価の例を下の表に示す。アルカリシリカ反応は、潜伏期が長いが、その後は多数のひび割れが生じる傾向がある。ひび割れは表面に現れるが、内部の膨張から生じるものであり、場合によっては表面に配置された鉄筋を切断することもある。兆候が見られる初期の段階で遮水などの対策を講じると被害を抑えられる(「20 アルカリシリカ反応(ASR)」、52ページ参照)。

●ASRの影響を受けた構造物の劣化評価方法

老化過程	劣化の状態
潜伏期	ASRは生じているが、外観上の変化は見られない
進展期	ASRによる膨張により、ひび割れが発生。ゲルの滲出が認められる段階
加速期	ASRによりひび割れが進展し、ひび割れ本数、ひび割れ密度、ひび割れ幅が増える段階
劣化期	ASRにより多数のひび割れが発生し、構造物の変形が大きくなる。段差や継ぎ目の目地材の変形が認められる。鋼材が破断する場合もある。また、さび汁が見られる場合もある

◉凍害の劣化過程

凍害の初期はスケーリングがみられ、次第に凍害深さが増し、かぶり厚さを超える深さまで凍害が進行すると、耐力の低下に至る。表面から劣化が進むが、コンクリート自体の劣化であり、断面修復が必要となる場合が多い。「15 スケーリング」(40ページ)と「22 凍害(凍結融解作用による劣化)、56ページ」も参照されたい。

劣化グレード

●用語の説明

　劣化グレードは外観に基づき劣化の状態を区分したものである。十分な精度が得られない可能性はあるが、簡便に性能を評価できる。詳細な方法による定量的な性能評価の必要性の有無を判断するためのスクリーニングに用いることができる。

●劣化グレード

　劣化ごとに4、5段階で区分され、潜伏期・進展期・加速期・劣化期と対応する。

●中性化

グレード	劣化過程	劣化の状態
グレードI	潜伏期	外観上の変状は見られない。腐食は発生してない。
グレードII	進展期	外観上の変状は見られない。腐食が発生している。
グレードIII-1	加速期前期	腐食ひび割れが発生している。
グレードIII-2	加速期後期	腐食ひび割れの進展に伴うかぶりコンクリートの部分的な剥離・剥落が見られる。鋼材の断面減少は見られない。
グレードIV	劣化期	腐食ひび割れの進展に伴う大規模な剥離・剥落が見られる。鋼材の断面減少が見られる。

●塩害

グレード	劣化過程	劣化の状態
グレードI	潜伏期	外観上の変状は見られない。鉄筋周囲の塩化物イオン濃度は、腐食発生限界濃度以下である。
グレードII	進展期	外観上の変状は見られない。鉄筋周囲の塩化物イオン濃度は腐食発生限界濃度以上で、腐食が発生している。
グレードIII-1	加速期前期	腐食ひび割れや浮きが発生している。さび汁が見られる。
グレードIII-2	加速期後期	腐食ひび割れの幅や長さが大きく多数発生している。腐食ひび割れの進展に伴うかぶりコンクリートの部分的な剥離・剥落が見られる。鋼材の著しい断面減少は見られない。
グレードIV	劣化期	腐食ひび割れの進展に伴う大規模な剥離・剥落が見られる。鋼材の著しい断面減少が見られる。変位・たわみが大きい。

●ASR

グレード	劣化過程	劣化の状態
グレードI	潜伏期	外観上の変状は見られない。
グレードII	進展期	膨張が進行し、軽微なひび割れが発生している。変色、アルカリシリカゲルの滲出が見られる場合がある。鉄筋腐食に伴うさび汁は見られない。
グレードIII	加速期	ASRによるひび割れが進展し、ひび割れの幅および密度、範囲が増大している。さび汁が見られる場合もある。
グレードIV	劣化期	ひび割れの幅および密度がさらに増大し、段差、ずれやかぶりの部分的な剥離・剥落が発生している。さび汁が見られる。外力の影響によるひび割れや鋼材の損傷が見られる場合もある。変位・変形が大きい。

●凍害

グレード	劣化過程	劣化の状態
グレードI	潜伏期	外観上の変状は見られない。
グレードII	進展期	スケーリング、微細ひび割れ、ポップアウトが表面に発生している。
グレードIII	加速期	スケーリング、微細ひび割れが深さ方向に進行し、粗骨材の剥落が発生している。
グレードIV	劣化期	かぶりコンクリートが剥落している。鉄筋が露出している。

●塩害や中性化における鉄筋腐食グレード

グレード	鉄筋の状態
グレードI	黒皮の状態、またはさびは生じているが全体的に薄い緻密なさびであり、コンクリート面にさびは付着してない。
グレードII	部分的に浮きさびはあるが、小面積の斑点状である。
グレードIII	断面欠損は目視観察では認められないが、全周または全長にわたって浮きさびが生じている。
グレードIV	断面欠損が生じている。

◉劣化グレードと対策方法

劣化グレードによって標準的な対策方法が異なる。

●塩害の劣化グレードと対策の例

グレード	点検強化	補修	供用制限	解体・撤去
グレードI		○*		
グレードII		○		
グレードIII-1	◎	◎		
グレードIII-2	◎	◎*	○	
グレードIV				◎

◎：標準的な対策（◎*：力学的な性能の回復を含む）
○：場合によっては考えられる対策、○*：予防保全

計画供用期間

●用語の意味

　計画供用期間は、耐久性を定量的に示す期間であり、建築工事標準仕様書・同解説(以下、JASS 5)では、計画供用期間を表す級として、一般、標準、長期の3水準で定めていたが、2009年の改訂で、短期、標準、長期、超長期の4水準に改めている。

　短期とは、計画供用期間をおよそ30年(大規模補修不要予定期間をおよそ30年、使用限界期間としておおよそ65年を想定)、標準とは、計画供用期間をおよそ65年(大規模補修不要予定期間をおよそ65年、使用限界期間としておおよそ100年を想定)、長期とは、計画供用期間をおよそ100年(大規模補修不要予定期間をおよそ100年、使用限界期間としておおよそ200年を想定)、超長期とは、計画供用期間をおよそ200年と想定している。

●計画供用期間と耐久設計基準強度

　JASS 5では、構造体コンクリート強度は構造体から採取したコア供試体の圧縮強度を基準とし、これが品質基準強度を満足していなければならない。従って、現場水中養生および現場封かん養生をした供試体の強度は、せき板や支保工を取り外す時期を定めるために用いられることになった。これに伴い、旧仕様書におけるΔF (構造体コンクリートと供試体の強度の差を考慮した割り増し)は削除され、品質基準強度は設計基準強度および耐久設計基準強度の大きい方の値となった。

　下の表に、計画供用期間と耐久設計基準強度の関係を示す。なお、超長期においては、かぶり厚さを10mm増やすことにより、耐久設計基準強度を30N/mm^{2}とすることができる。

●計画供用期間とコンクリートの耐久設計基準強度(JASS 5)

計画供用期間の級	耐久設計基準強度 (N/mm^2)
短期	18
標準	24
長期	30
超長期	36

◉計画供用期間と最小かぶり厚さ

コンクリートの劣化は、ほとんどの劣化因子ではかぶり部分から進行する。そのため、耐久性を評価する指標としてかぶり厚さが用いられる。下の表は、計画供用期間とかぶり厚さの関係を示している。JASS 5においては、かぶり厚さを、計画供用期間と部材の置かれる環境から、部材の種類ごとに定めている。部材の置かれる環境ごとに規定値を与えているのは、環境ごとに中性化速度が異なるためである。

●計画供用期間とかぶり厚さ（JASS 5）　　　　　　　　　　　（単位:mm）

部材の種類		短期	標準・長期		超長期	
		屋内・屋外	屋内	屋外	屋内	屋外
構造部材	柱・梁・耐力壁	30	30	40	30	40
	床スラブ・屋根スラブ	20	20	30	30	40
非構造部材	構造部材と同等の耐久性を要求する部材	20	20	30	30	40
	計画供用期間中に維持保全を行う部材	20	20	30	(20)	(30)
直接土に接する柱・梁・壁・床および布基礎立ち上がり部		40				
基礎		60				

計画供用期間中に超長期で維持保全を行う部材では、維持保全の周期に応じて定める
計画供用期間の級が標準および長期で、耐久性上有効な仕上げを施す場合は、屋外側では最小かぶり厚さを10mm減じることができる

◉計画供用期間と湿潤養生の期間

コンクリートに使用するセメントの種類により、強度発現性能が異なり、強度発現の遅いセメントを使用する場合は、湿潤養生期間を長く取る必要がある。JASS 5では、耐久性を確保する意味で、計画供用期間の級に応じた湿潤養生期間を下の表のように定めている。なお、解説では膜養生材についての説明が追記されている。

●計画供用期間と湿潤養生の期間（JASS 5）

セメントの種類	計画供用期間の級	
	短期および標準	長期および超長期
早強ポルトランドセメント	3日以上	5日以上
普通ポルトランドセメント	5日以上	7日以上
中庸熱ポルトランドセメント 低熱ポルトランドセメント 高炉セメントB種 フライアッシュセメントB種	7日以上	10日以上

維持管理

●用語の説明

コンクリート構造物の供用期間において、構造物の性能を要求された水準以上に保持するためのすべての行為のこと。構造物の性能を許容範囲内に保持するための行為。

●構造物の要求性能

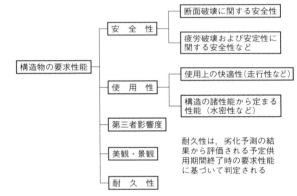

●維持管理のフロー

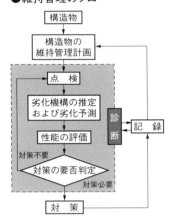

●維持管理の目的

コンクリート構造物を長く大事に保全し、安全で安心な状態に管理するためには、多大な費用が必要となるため、それぞれの構造物に対する要求性能を明確にするとともに、優先順位や手順を定めるなど、適切な維持管理計画を策定して合理的に管理することが求められる。

●維持管理計画

維持管理区分を定め、予定供用期間中に想定される劣化機構を選定した後、対象構造物あるいは部位・部材ごとに、点検、劣化予測、性能評価、対策の要否判定などから成る診断の方法を設定し、予測される劣化状況に見合った対策やその選定方法などを示す。

●点検

構造物の状態を診断するために、点検が必要となる。点検は、目的に応じて初期、日常、定期、臨時、緊急に分類される。点検は、維持管理を行ううえで重要な項目である。

●維持管理区分

区分		定義	特徴
A	予防維持管理	構造物の性能低下を引き起こさせないために、劣化を顕在化させないことなどを目的として実施する維持管理 重要度が高い構造物で、モニタリングを必要とする場合もある	1.劣化が顕在化した後では対策困難なことから、劣化を生じさせないもの 2.劣化が外へ現れることにより、障害が生じるもの 3.設計耐用期間が長いもの
B	事後維持管理	構造物の性能低下の程度に対応して実施する維持管理	1.劣化が外に現れてからでも、何とか対策が取れるもの 2.劣化が外へ現れても、困らないもの
C	観察維持管理	目視察観による点検を主体とし、構造に対して補修、補強といった直接的な対策を実施しない維持管理（間接的な観察による維持管理も含む）	1.設計耐用期間の設定がなく、使用できる限り使用するもの 2.直接には点検を行うのが非常に困難なものについて、間接的な点検（測量、地盤沈下、漏水の有無など）から評価、判定を行うもの

●診断と点検

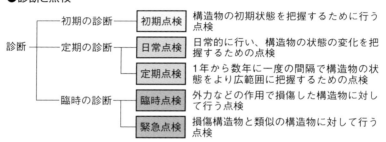

◉留意点

・構造物の維持管理計画を策定するためには、その構造物の重要度や、予定供用期間を明確にする必要があるが、現状は定められていない構造物が多い。

・維持管理は劣化の原因を見極め、適切な処置を行うことが基本。

・構造物が置かれた環境などを考慮して劣化の進行予測を適切に行うことが重要。劣化の過程を潜伏期、進展期、加速期、劣化期と分けて考える。

関連する用語
供用期間：構造物を使用する予定の期間
保全：保護して安全であるようにすること
進行予測：劣化モデルに基づいて構造物の今後の各種性能の経年変化を予測すること

予防保全

●用語の説明

　予防保全(予防維持管理)とは、社会インフラの使用中での故障や損傷、劣化を未然に防止し、インフラを使用可能な状態に維持するために計画的に行う取り組みのことである。構造物はきちんと点検され、劣化や損傷が深刻化する前に修繕が実施される。従って、対象とする構造物の状況は、たとえ劣化は進行していても、機能(その構造物に期待される目的に応じて果たすべき役割)は低下していない。

　一方、事後保全(事後維持管理)とは、社会インフラが機能低下、もしくは機能停止した後に、本来必要とされる機能まで回復する取り組みである。すなわち、劣化や損傷が深刻化してはじめて、大規模な修繕を実施する。

●予防保全すべき構造物

　重要度の高い構造物や次の(1)〜(3)の構造物は、予防保全されることが望ましい。

(1) 劣化が顕在化してからでは補修などの対策が困難なことから、劣化を生じさせないことが求められるもの。

(2) 劣化がコンクリート表面に現れることによって直ちに性能が低下し、障害が生じるもの。

(3) 第三者影響度が特に大きい構造物。

●予防保全と事後保全の例

[予防保全]　　　　　　　　　　　　　　　[事後保全]

上中層の塗膜劣化時点で再塗装するため工費が安く、長期の全体管理費用も安い

最下層の塗膜まで劣化したため、下地処理(錆落としなど)に多大な費用を要する

腐食の初期に部分的な塗装をすることで、長期の全体管理費用が安い

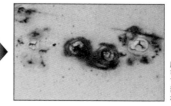
腐食が孔食(錆びて穴が開く)まで進行したため、部村の取り換えが必要となる

◉予防保全の効果

　NEXCOが管理する地方部の道路(供用後約20年経過)を対象に、劣化が進行する前に補修を行う予防保全のケース(グレードⅡ以内を維持)と、劣化が進行してから補修を行う事後保全のケース(グレードⅣ以内を維持)について、ブリッジマネジメントシステムによる変状グレードおよびライフサイクルコスト(LCC)の予測を比較した。

　変状グレードの予測結果によれば、事後保全にした場合はグレードⅢ・Ⅳを多く抱えることとなり、予防保全するのに比べて重大損傷のリスクが大きくなる。また、LCCの予測結果によれば、事後保全では将来的に大規模な補修が多く必要となり、予防保全の方が経済的となった。

●変状グレードの予測

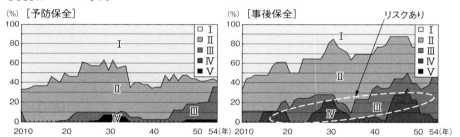

●LCC比較の予測

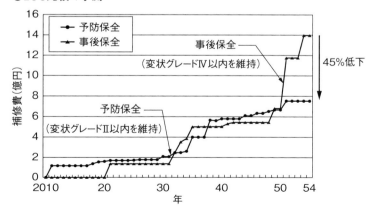

メンテナンスサイクル

●用語の説明

国土交通省は2013年6月に、「道路のメンテナンスサイクルの構築に向けて」を発表した。これは、2012年12月に発生した中央自動車道・笹子トンネルの天井版落下事故を受けての対応である。

メンテナンスサイクルとは下図の通り、構造物を構築後、「点検」⇒「診断」⇒「措置」⇒「記録」⇒「次の点検」というサイクルを通して、構造物を長寿命化し、安全・安心・快適を確保する維持管理のPDCAサイクルのことである。

●メンテナンスサイクル

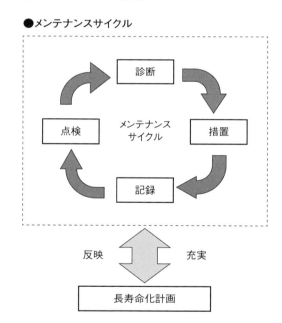

●メンテナンスサイクルの必要性

我が国で構築されたインフラは、コンクリート量にして100億m^{3}と言われている。これらの構造物は、必ずしも長寿命の計画がなされているとはいえない。そのため、予防保全を行うことによって経済的にインフラを維持管理しなければ、財政的に大きな問題を抱えることになる。

こうしたことから、メンテナンスサイクルの実行は必要不可欠であると言える。

◉メンテナンスサイクルの課題

　メンテナンスサイクルの構築に際して、いくつかの課題がある。例えば、インフラの管理者や研究機関の体制の強化、維持管理技術者の育成、法令などの整備、責任の明確化、地方自治体に対する財政支援といった各種の制度の確立が挙げられる。

◉メンテナンスサイクルの充実に向けた取り組み

　メンテナンスサイクルの充実に向けて、様々な検討が進められている。

(1) メンテナンスサイクルの確実な実施

　インフラの全ての構造物の健全性を正確に把握することにより、対策が進められる。そのためには、点検、診断、措置および記録をする立場の人との協働が重要となる。

(2) データベースの構築と活用

　メンテナンスサイクルを確実に実施するには規準類が必要である。そのためには、インフラの構築時期、構造形式などの設計条件、施工記録などのデータベースが欠かせない。また、それらを活用するにはこれまでの規準類の見直しも重要となる。

(3) 不具合情報の収集と啓発の仕組みづくり

　早期の劣化は初期欠陥などの不具合に起因する場合も多い。点検を通して、構造物の不具合情報を収集し、初期欠陥防止のための啓発や、規準への反映なども必要である。

(4) 点検・診断などをサポートする技術開発

　メンテナンスサイクルを実行するに当たり、課題として予算や技術者の不足が指摘されている。高度な診断ができる技術者の育成を待つだけでなく、喫緊の課題である構造物の現状把握に向け、民間の技術者が参画する仕組みが必要である。その代表例であるメンテナンスエキスパートシステムや道守制度などの全国展開が期待される。

　また、民間の技術開発を推進する制度も望まれている。人工知能(AI)の活用、ロボット技術の採用など、新技術の評価や導入などを積極的に行うことが重要である。

ロボット技術の一つであるドローンによる橋梁点検の例

補修

●用語の説明

　補修とは、劣化した部材あるいは構造物の今後の劣化進行を抑制し、美観や景観、耐久性の回復・向上と第三者影響度(劣化した構造物の周囲において、剥落コンクリートなどが人および器物に与える障害などの影響度合いをいう)の除去または低減を目的とした対策である。

●対策の目的

　(1)ひび割れや剥離といったコンクリート構造物の損傷を修復し、内部鉄筋の腐食やひび割れ周辺部コンクリートの劣化進行を抑制する。(2)塩化物イオンの浸透や中性化によって劣化因子を取り込んでしまったコンクリートを除去する。(3)有害物質の再浸入を防止するために表面被覆する。(4)コンクリート中の鋼材の不動態化あるいはコンクリート中の塩化物イオン量を減少する。(5)コンクリートのアルカリ性を回復する。

●対策の適用範囲

　補修工法を選定する際には、劣化機構、要求性能および劣化の進行過程を分類して検討することが重要である。一般に、対策の適用範囲は次のように分類される。

　　劣化機構：(1)中性化、(2)塩害、(3)アルカリシリカ反応、(4)凍害、(5)化学的腐食、(6)疲労、(7)風化・老化、(8)火災

　　要求性能：(1)劣化因子の遮断、(2)劣化速度の抑制、(3)劣化因子の除去

　　劣化の進行過程：(1)潜伏期、(2)進展期、(3)加速期、(4)劣化期

表面被覆による補修作業

断面修復による補修作業

●対策手法

以下に、主な補修工法の種類を示す。

●主な補修工法の種類

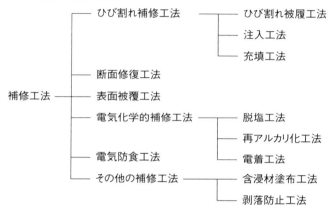

●対策上の留意点

(1) 補修に当たっては、補修計画に従って確実に施工することが必要である。同時に施工環境や施工時期を考慮することも施工上大切である。例えば、補修実施する構造物が市街地に位置する場合には、はつり作業に伴う粉じんの飛散防止や塗装作業に伴う塗料の飛散防止に対して、入念な対策を講じることが必要である。また、構造物の補修部位、補修時期などに応じて、風、雨、日射などに対する防護を行い、作業の安全性確保を図ることも必要である。

(2) 補修は、ひび割れ補修、断面修復、表面被覆、電気化学的補修などの組み合わせであり、いずれの補修工法も補修材料が既存構造物とよく付着し、一体化することが必要である。そのためには、下地処理を適切に実施することが大切である。

(3) 補修に使用する材料は、補修計画に適合した力学的性質などの諸性能と耐久性を有することが必要である。補修の施工管理では、補修材料に必要な品質を規格化するなど、管理基準を定めて材料の検査を実施することが必要である。

(4) 施工中の管理項目としては、下地処理の程度、配筋状況、断面修復材や表面被覆材の厚さやピンホールの有無などがある。補修方針と補修水準を考慮して管理項目を定め、施工中に検査することが必要である。

(5) 補修終了後、竣工検査を行い、仕上がり寸法、外観、断面修復材や表面被覆材の厚さなどを確認するとともに、材料・施工の管理試験結果を検査し、補修計画に従って補修が実施されたことを確認するとともに、その結果を記録することが必要である。

キーワード

107

補強

●用語の説明

補強とは、部材あるいは構造物の耐荷性や剛性などの力学的な性能低下を回復または向上させることを目的とした対策である。

巻き立て補強された構造物

●対策の目的

コンクリート構造物に補強が必要となる劣化要因として、下の表に示すとおり、耐久性劣化、過大なひび割れ、過大な変形、振動障害などの発生と過荷重による損傷などがある。これらに対してコンクリート構造物の補強方法は、補強対象の部材の断面を増大する方法、補強対象の部材に鋼材などの補強材を取り付ける方法、新しい構造部材を設ける方法、支持点を新たに追加することにより補強対象の部材の応力を軽減する方法などがある。

●劣化要因と補強方法の関連

補強方法 劣化要因	断面増大	補強材追加	部材追加	支持点追加
耐久性劣化	○	◎	○	△
過大なひび割れ	○	◎	○	△
過大な変形	○	◎	○	◎
振動障害	◎	○	○	○
過荷重	△	○	○	◎

◉対策工法と適用範囲

下の表に補強工法の例を示す。

●補強に関連した主な工法の例と適用部材

種　別	対策の概要	主な工法*1	適用部材					
			全般	梁	柱	スラブ	壁*2	支承
コンクリート部材	部材の交換	打ち換え工法		○	○	◎	◎	
	断面の増し厚	増し厚工法		○		◎		
	接着	接着工法	◎	○	○	◎	○	
	巻き立て	巻き立て工法		◎	◎		○	
	プレストレスの導入	プレストレス導入工法	◎	○	○			
構造体	梁（桁）の増設	増設工法		◎		◎		
	壁の増設	増設工法					◎	
	支持点の増設	増設工法		◎		◎		
	免震化	免震工法	◎					◎

*1：増し厚工法：上面増し厚工法、下面増し厚工法
　　接着工法：鋼板接着工法、連続繊維シート接着工法（FRP接着工法）
　　巻き立て工法：鋼板巻き立て工法、連続繊維シート巻き立て工法、RC巻き立て工法、モルタル吹き付け
　　　　　工法、プレストキャストパネル巻き立て工法
　　プレストレス導入工法：外ケーブル工法
　　増設工法：梁（桁）増設工法、耐震壁増設工法、支持点増設工法
*2：壁式補強を含む
◎：実績が比較的多いもの　　○：適用が可能と考えられるもの

◉対策上の留意点

(1)耐震補強では、既設部材への削孔作業などを伴うことも多い。その際、削孔作業などで鉄筋を損傷することのないように、適切に施工しなければならない。なお、実際の鉄筋位置が設計で想定していたものと大きく異なっている場合は、設計の見直しなども含めた対応を検討する。

(2)既設コンクリートと補強のための新たなコンクリートの打ち継ぎ面や鋼板、およびFRPなどの接着面においては、適用する工法の目的に応じて適切なアンカーの設置や十分な付着を確保するための下地処理が重要となる場合がある。この場合、コンクリート表面の脆弱部や付着物は除去しなければならない。

(3)耐震補強の施工中および施工後における検査では、合理的な検査計画を定め、適切な検査方法により耐震補強設計で意図されている補強効果が確実に発揮できるものであることを確認しなければならない。

注入工法

●用語の説明

　コンクリート構造物に発生したひび割れに、樹脂系やセメント系の材料を注入し、コンクリート構造物の防水性および耐久性、一体化を向上させるひび割れ補修工法の一つ。

●ひび割れ補修工法の種類

　ひび割れ補修工法の種類は(1)ひび割れ被覆工法、(2)注入工法、(3)充填工法、(4)その他の工法がある。これらの工法は、発生原因、発生状況、ひび割れ幅の大小、ひび割れの変動の大小、鉄筋の腐食の有無などによって、単独あるいは組み合わせて適用する。

●注入工法の概要

(1)注入方法：機械や手動の方法など色々な方法があるが、現在はゴムの復元力やスプリングなどを用いた専用の注入治具を用いて、注入圧力0.4MPa以下の低圧、かつ低速で自動的に注入する低圧注入工法が主流となっている。

(2)注入材料：エポキシ樹脂、アクリル樹脂などの有機系、セメント系、ポリマーセメント系などの無機系がある。エポキシ樹脂注入材は、接着性に優れる、躯体の一体性を向上させることができる、低粘度なものや遥変性・可とう性を有するものなど種類が豊富である、JIS A 6024「建築補修用注入エポキシ樹脂」に規定されている、約30年の耐久性が確認されている、などの特徴を有する。また、セメント系やポリマーセメント系の注入材は、樹脂系に比べて安価である、熱膨張係数がコンクリートに近い、湿潤箇所に適用できる、鉄筋の防錆効果がある、超微粒子系材料はひび割れ幅0.05mmにも注入できる、などの特徴がある。

注入治具によるひび割れ補修工事の例

●注入工法の概要

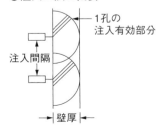

1孔の注入有効部分

注入間隔

壁厚

●ひび割れ補修工法の選定例

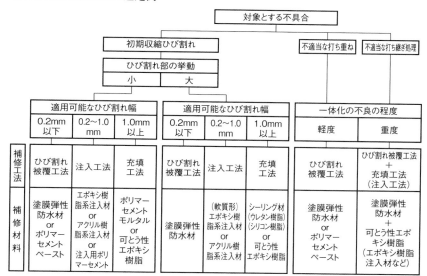

| 対象とする不具合 | | | | | | | | |

初期収縮ひび割れ						不適当な打ち重ね	不適当な打ち継ぎ処理

ひび割れ部の挙動					
小			大		

適用可能なひび割れ幅			適用可能なひび割れ幅			一体化の不良の程度	
0.2mm 以下	0.2～1.0 mm	1.0mm 以上	0.2mm 以下	0.2～1.0 mm	1.0mm 以上	軽度	重度

補修工法	ひび割れ被覆工法	注入工法	充填工法	ひび割れ被覆工法	注入工法	充填工法	ひび割れ被覆工法	ひび割れ被覆工法＋充填工法（注入工法）
補修材料	塗膜弾性防水材 or ポリマーセメントペースト	エポキシ樹脂系注入材 or アクリル樹脂系注入材 or 注入用ポリマーセメント	ポリマーセメントモルタル or 可とう性エポキシ樹脂	塗膜弾性防水材	(軟質形)エポキシ樹脂系注入材 or アクリル樹脂系注入材	シーリング材（ウレタン樹脂）（シリコン樹脂）or 可とう性エポキシ樹脂	塗膜弾性防水材 or ポリマーセメントペースト	塗膜弾性防水材＋可とう性エポキシ樹脂（エポキシ樹脂注入材など）

◉注入工法の施工手順

　注入工法の手順は以下のとおり。(1)空気を送ってひび割れ部を清掃する。(2)ひび割れに沿って注入治具を取り付ける。(3)注入間隔(一般的に10～30cm)を確認し、表面被覆や粘着テープなどでひび割れ面をシールする。(4)並んだ治具から順次注入材を注入する。(5)養生後に治具を撤去する。(6)シール材を撤去する。

◉留意点

・有機系注入材は注入箇所が漏水や湿潤状態にあると、接着不良を起こすことがあるため、性能の確認された湿潤面用の材料を用いる。

・セメント系やポリマーセメント系は、注入箇所が乾燥状態にあると、途中で目詰まりを起こしてしまうため、注入前に水を注入して湿潤状態にすることが必要。

・ひび割れ注入材の試験方法や規格値は公的機関ごとに異なる。

・注入深さの確認方法は、注入箇所のコアを採取する破壊試験となる。

・ひび割れ注入工法と電気化学的防食工法を併用する場合は、有機系注入材が電気の流れを阻害するため、無機系注入材を使用する。

関連する用語
遥変性：力が掛かっているときは粘度が下がり、力が掛からなくなると粘度が上がる性質
可とう性：物体が柔軟で、折り曲げることが可能である性質のこと

充填工法

●用語の説明

　コンクリート充填工法は、断面修復面積が比較的広い場合に、流動性に優れたコンクリートを型枠内に充填する工法である。

コンクリート充填工法の様子

●コンクリート充填工法

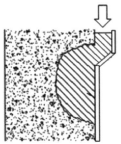

●断面修復工法の特徴

　断面修復工法は、型枠を必要としない左官工法、吹き付け工法（湿式、乾式）と、型枠を用いるモルタル注入工法、コンクリート充填工法に分類することができる。左官工法やモルタル注入工法は比較的小面積の場合に、コンクリート充填工法や吹き付け工法（湿式、乾式）は比較的大面積の断面修復に用いられる場合が多い。モルタル注入工法やコンクリート充填工法は施工が容易で確実だが、天井面の修復の場合は吹き付け工法（湿式、乾式）が適している。

●コンクリート充填工法の概要

　コンクリート充填工法は、断面修復箇所が厚い場合や大面積の場合の修復に適している。型枠を設置することで修復する厚さに限度がなくなり、一区画を一度に充填できるため施工速度は速くなる。コンクリートを断面修復材として用いると、躯体コンクリートと弾性係数や熱膨張係数、ポアソン比などが同等となる利点がある。

　コンクリート充填工法に使用するコンクリートは、躯体コンクリートと比べ圧縮強度が同等以上で、流動性や充填性が高く、ブリーディングや収縮が小さいコンクリートを選定する。粗骨材の最大寸法は、鉄筋のかぶり厚さの3分の2以下を目安とする。流動性や充填性を

高めるため、豆砂利コンクリートや高流動コンクリートを用いたり、収縮を低減する目的で膨張材などを添加する。

　脱型後は、直射日光や風などによるコンクリートの急速な乾燥収縮を抑制するため、養生マットやシートなどにより養生を行う。

●コンクリート充填工法の手順

(1) 下地処理：劣化したコンクリートや浮いたコンクリートをはつり取り、断面修復箇所を清掃する。

(2) 鉄筋防錆やプライマー処理：鉄筋がさびている場合は防錆処理を実施する。鉄筋の断面が欠損している場合は、添え筋や増し筋などを行う。はつり面はプライマー処理を行うか、コンクリートの打ち込み前に噴霧器などで湿潤状態とする。

(3) 充填部の剥落防止対策と型枠設置：鉄筋の裏側まで修復する場合は、剥落の危険性は少ないが、鉄筋のかぶり範囲の修復の場合はアンカーなどにより剥落防止対策を行った後に型枠を設置する。

(4) コンクリートの充填：充填用のコンクリートは、型枠内にゆっくりと連続して打ち込む。また、補助手段として、型枠バイブレーターや木づちなどで型枠に振動を与えてコンクリートを確実に充填する。

(5) 型枠脱型：所定の強度が得られたことを現場養生の管理用供試体で確認した後に、型枠を脱型する。大きな力が加わると、打ち継ぎ目にひび割れが生じる可能性があるので注意する。

(6) 養生：散水後、養生シートなどで養生する。

●留意点

・流動性の高いコンクリートを用いるため、型枠と躯体コンクリートとの隙間にパッキンやシール材を挟んで漏出を防止する。

・充填中に型枠に圧力が加わるため、側圧を考慮して型枠支保を組むとともに、充填口の位置や数を決定する。

・充填口（あご）は、長期間のうちに剥落する可能性があるので、第三者被害が想定される場合は除去する。

●断面修復工法の分類

断面修復工法
- 左官工法
- モルタル注入工法
- コンクリート充填工法
- 吹き付け工法（湿式、乾式）

関連する用語
かぶり厚さ：コンクリート中の鉄筋の表面から、これを覆うコンクリートの表面までの最短距離
豆砂利：大部分の粒子が5〜10mmの範囲にあるようにふるい分けられた砂利

110

左官工法

●用語の説明

　左官工法は断面修復に用いる工法の一種で、補修面積が比較的小断面の場合や、それらが点在している場合に用いる。エポキシ樹脂モルタルやポリマーセメントモルタルを、左官こてを使用して充填する。仕上げ工法を指す場合もある。

●左官工法の概要

　左官工法は、型枠が不要で、金ゴテや木ゴテなどを用いて人力により断面修復材を塗り付けて施工する。

(1)左官こての種類

　左官こての材質には、鉄製、ステンレス製、鋼鉄製、ゴム製、プラスチック製、木製などがあり、作業の内容や使用材料に適したものを使用する。

●断面修復工法の分類

断面修復工法
- 左官工法
- モルタル注入工法
- コンクリート充てん工法
- 吹付け工法（湿式、乾式）

(2)左官工法で用いるコンクリートの断面修復材

　樹脂モルタル、ポリマーセメントモルタル、軽量骨材使用樹脂モルタルなどがある。

(3)断面修復材に要求される性能（「119 断面修復工法」、256ページ参照）

　コンクリートとの一体性が良い。圧縮、曲げおよび引張強度などが下地コンクリートと同等以上。熱膨張係数、弾性係数、ポアソン比などが下地コンクリートと同等。乾燥収縮が小さく、寸法安定性や長期の接着性が良い。適度な粘性で付着性が良く作業性も良い。施工後に自重によるダレや振動による変形や剥離を生じない。

●施工手順

　左官工法の一般的な手順を示す。

　(1)下地処理。(2)刷毛などによるプライマー塗布。(3)モルタル状の断面修復材を、こて、へらなどで断面修復面にすり付けながら充填。(4)左官こてで形状を修復し表面を平滑に仕上げる。(5)養生。

●特徴

　左官工法の長所を以下に示す。

　(1)型枠が不要。(2)モノリシック(一体的)な仕上げが可能で、目地やつなぎ目ができない。(3)複雑な形状や曲面にも対応できる。(4)特殊な装置が不要で人力で施工できる。

●左官こてによる作業

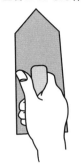

プライマーの塗布状況

◉留意点

・人力の作業なので、品質は作業員の技量や熟練度に依存する。

・施工管理が難しい。

・施工後の温度低下や直射日光、風などの影響で収縮し、ひび割れや浮きが生じる可能性がある。

・材料は様々な種類があり、その材料で指定された方法や条件で施工を行う。

・天井面の断面修復は、自重や振動の影響により硬化前に剥離が生じないように注意する。軽量ポリマーセメントモルタルなどの使用も考慮する。

・断面修復する厚さが厚い場合や、剥落の危険性があるなどの場合は、修復した材料が落下しないように、下地コンクリートに溶接金網、アンカーピン、ネット、針金を固定した後に補修する。

・断面修復厚さが厚い断面を一度に修復すると、硬化前に変形や自重で剥離することがあるため、一層塗りを避け、定められた厚さで多層塗りとする。また、ネットなど補強材を入れたり、材料中に補強用繊維を混入したりする。

関連する用語

左官：建物の壁や床、土塀などを、こてを使って塗り仕上げる職種のこと
左官こて：壁や床にセメント、モルタル、しっくい、珪藻土などの塗材を塗り付ける工具
樹脂モルタル：結合材に樹脂を用い細骨材を混ぜたモルタル。レジンモルタルとも言う
ポリマーセメントモルタル：セメントモルタルに高分子樹脂を混和したモルタル
軽量骨材：普通の岩石に比べて密度の小さい骨材
寸法安定性：温度や湿度などの影響で寸法あるいは容積が変化しない性質
ダレ：材料がだれること
溶接金網：縦線と横線を直角に配列し交点を溶接した金網。ワイヤメッシュとも言う
アンカーピン：下地コンクリートに金網や針金、ネットなどを固定するための棒状の金具

吹き付け工法

●用語の説明

　吹き付け工法は、断面修復工法の一種で、コンクリートやモルタルを圧縮空気によって吹き付けて施工する方法。補修面積が比較的広い場合に用いられ、湿式工法と乾式工法がある。

吹き付け工法による天井面の修復の様子

●鉄筋背面の吹き付け

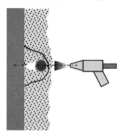

●吹き付け工法の概要

　吹き付け工法は、施工型枠を使用することなく、広い面積に比較的薄いコンクリートやモルタルの層を施工することができる。

(1)吹き付けシステム

　大量の圧縮空気を送るコンプレッサー、断面修復材を製造するミキサー、吹き付け材を搬送するポンプ、圧縮空気によって断面修復材を噴出するノズル、それぞれを接続するホースから構成される。

(2)吹き付け用の断面修復材

　コンクリートやモルタルに急結剤、ポリマーディスパージョン、短繊維などを加え、初期の付着性や寸法安定性、長期耐久性を確保する。

●種別

　吹き付け工法は、乾式と湿式の2種類に大別される。

(1)乾式吹き付け工法

　あらかじめ乾燥状態で混合したコンクリートやモルタルの断面修復材に、急結剤を加えてノズル部に圧送し、ノズルの位置で水と混合しながら吹き付ける方式。

(2)湿式吹き付け工法

●湿式吹き付けシステムの例

吹き付けノズル

モルタルミキサー

モルタルポンプ

コンプレッサー

　水とポリマーディスパージョンなど全材料を加えて練り混ぜたコンクリートやモルタルを、ノズル部に圧送して吹き付ける方式。

◉吹き付け工法の特徴

(1) 長所

　(a) 締め固め作業が不要。

　(b) 広い範囲に薄く施工可能。

　(c) 型枠を設置しないで複雑な形状の施工も可能。

　(d) 天井面の施工が可能。

　(e) 施工速度が速い。

(2) 短所

　(a) 急結剤やポリマーディスパージョンなどの特殊な混和剤が必要。

　(b) 断面修復材の硬化品質が変動しやすい。

　(c) 施工は、吹き付け機械の能力に左右される。

　(d) 鉄筋背面が未充填になる危険性がある。

　(e) 断面修復材の一定量が跳ね返り、材料の処理が必要。

◉留意点

・吹き付け工法による断面修復の品質や施工精度は、作業員の技量に依存する。

・乾式吹き付け工法は、ノズル部で水を加えるので作業員の操作によって品質が変動する。

・湿式吹き付け工法は、乾式吹き付け工法と比べると断面修復材の圧送距離や圧送能力が小さい。

・湿式吹き付け工法は、練り上がった断面修復材をポンプ圧送するため、材料の粘性によってポンプの負荷が増すとともに、加圧により材料の性状が変化する場合がある。

関連する用語

急結剤：モルタルなどの凝結時間を著しく短縮させる効果をもたらす混和剤
ポリマーディスパージョン：重合した有機化合物の粒子が水中に分散した乳液状態のもの

電気化学的補修工法

●用語の説明

電気化学的補修工法は、構造物表面あるいは外部に設置した陽極からコンクリート中の鉄筋へ電流を流し、電気化学的反応を利用して鉄筋腐食を抑制する対策方法である。塩害や中性化によりコンクリート中の鋼材が腐食している、あるいは今後腐食すると予想される鉄筋の防食を目的として適用される。

●電気化学的補修工法の主な特徴

	電気防食工法	脱塩工法	再アルカリ化工法	電着工法
通電期間	防食期間中継続	約8週間	約1〜2週間	約6カ月間
電流密度	$0.001\sim0.03A/m^2$	$1A/m^2$	$1A/m^2$	$0.5\sim1A/m^2$
通電電圧	$1\sim5V$	$5\sim50V$	$5\sim50V$	$10\sim30V$
電解液	−	$Ca(OH)_2$水溶液など	Na_2CO_3水溶液など	海水
効果確認の方法	電位または電位変化量の測定	コンクリートの塩化物イオン量の測定	コンクリートの中性化深さの測定	コンクリートの透水係数の測定
効果確認の頻度	数回/年	通電終了後	通電終了後	通電終了後

「土木学会コンクリートライブラリー107、電気化学的防食工法設計施工指針(案)」

●脱塩工法

コンクリート表面に陽極材と$Ca(OH)_2$などの電解質溶液から成る仮設陽極を設置し、コンクリート中の鉄筋(陰極)へ電流を流し、コンクリート中に存在する塩化物イオン(陰イオン)を仮設陽極側に移動させてコンクリート中から塩化物イオンを除去もしくは低減させ、鉄筋周囲の塩化物イオンを腐食発生限界濃度以下にする工法である。工法適用後に外部から塩

●脱塩工法の概要

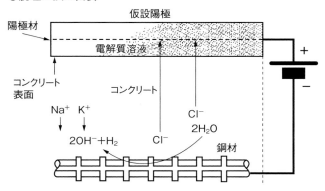

化物イオンが再浸入することを防止するために表面処理工法を併用する。

◉再アルカリ化工法

コンクリート表面に陽極材とアルカリ性溶液から成る仮設陽極を設置し、コンクリート中の鉄筋(陰極)へ電流を流し、コンクリート中にアルカリ性溶液を泳動させて、コンクリートのpH値を回復させる工法である。工法適用後に外部環境から二酸化炭素が再浸入することを防止するために、表面処理工法を併用する。

●再アルカリ化工法の概要

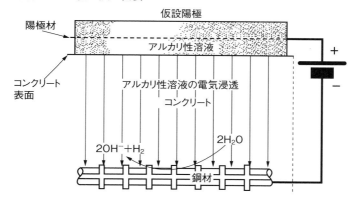

◉電着工法

コンクリート中の鉄筋を陰極とし、海水中に対向した仮設陽極との間に微弱な電流を通電することにより、海水中に溶在するCa^{2+}やMg^{2+}などを、コンクリート構造物のひび割れ部や表層部に$CaCO_3$や$Mg(OH)_2$の安定な化合物として析出させる。これにより、ひび割れ部の充填および表層部の緻密化が図れる。

●電着工法の概要

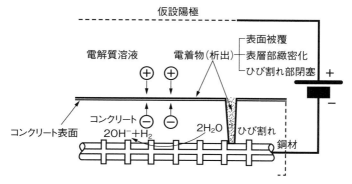

電気防食工法

◉用語の説明

コンクリート表面に陽極材を設置し、コンクリート中の鉄筋(陰極)に向かって継続的に微弱な電流を流し、腐食を抑制する対策工法であり、電気化学的補修工法の一つである。

●電気化学的補修工法の種類と適用対象

補修工法 適用対象			脱塩工法	再アルカリ化工法	電着工法	電気防食工法
環境条件	陸上・内陸部		○	○	△	○
	海洋環境	大気中部	○	○	△	○
		飛沫帯部	○	○	△	○
		干満帯部	△	—	△	△
		海中部	—	—	○	△
構造部材	RC		○	○	○	○
	PC		△	△	△	○
既設構造物			○	○	○	○
新設構造物			—	—	○	○

○:適用対象
△:適用する場合は検討が必要
—:適用対象外

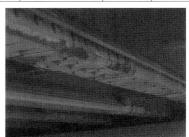

電気防食工法を適用した構造物

外部電源を設置して防食電流を流す外部電源方式と、内部鉄筋と陽極材(例えば亜鉛など)の電池作用により防食電流を流す流電陽極方式に大別できる。

●各種電気防食方式の特徴

	電源方式	外部電源	方式	陽極材
1	外部電源方式	直流電源装置	チタンメッシュ方式	チタンメッシュ
2			導電塗料方式	白金チタン+導電塗膜
3			チタングリッド方式	チタングリッド
4			内部挿入陽極方式	チタンロッド
5	流電陽極方式	不要	亜鉛シート方式	亜鉛シート(1mm以上)
6			亜鉛溶射方式	亜鉛陽極層(溶射被膜)

◉外部電源方式

　直流電源装置の＋極にコンクリート表面に設置した陽極システムを、－極に防食対象鉄筋を接続し、直流電源装置により両者間に防食電流を流す。防食に必要な電流量（防食電流）は、0.001～0.03A/m²程度である。また、鉄筋の復極試験で、一般的に100mV以上の復極量が求められる。

●主な特徴

通電期間	防食期間中継続
電流密度	0.001~0.03A/m²
通電電圧	1~5V
電解液	－
効果確認の方法	電位または電位変化量の測定
効果確認の頻度	数回／年

●外部電源方式の概要

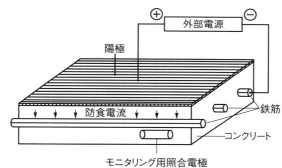

◉流電陽極方式

　コンクリート内部の鋼材よりも電気的に卑な金属の陽極システムをコンクリート表面に設置し、両者間の電位差を用いて防食電流を流す。電源設置は不要である。

流電陽極方式の適用例

●流電陽極方式の概要

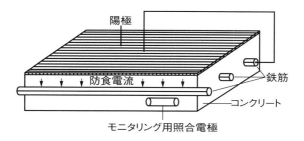

表面含浸工法

●用語の説明

　表面含浸工法は、表面被覆工法と並ぶ表面保護工法の一種であり、シラン系やけい酸塩系などに代表される表面含浸材をコンクリート表面から含浸させ、コンクリート表層部へ特殊機能を付与することによって、外部からの劣化因子の浸入を遮断する工法である。

表面含浸工法の施工状況

●表面含浸工法の概念図

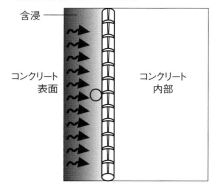

含浸

コンクリート
表面

コンクリート
内部

●表面含浸工法の概要

　表面含浸材のうち、シラン系含浸材は疎水性のアルキル基によりコンクリート表面にはっ水層(吸水防止層)を形成する効果がある。けい酸塩系含浸材は主として反応型けい酸塩

246

系と固化型けい酸塩系に分類される。反応型けい酸塩系(けい酸ナトリウムやけい酸カリウムなど)は、水酸化カルシウムと反応してC-S-Hゲルを生成し、空隙を充填することでコンクリートの組織を緻密化する。固化型けい酸塩系(けい酸リチウムなど)は、材料自体の乾燥固化によって空隙を充填して組織を緻密化する。

　このように、表面含浸材の種類によって劣化因子の浸入抑制メカニズムは異なるものの、いずれも劣化機構が塩害または中性化の場合には主として塩化物イオン、二酸化炭素の浸入を抑制することを、また劣化機構がASRの場合には主として水分の浸入を抑制することを、それぞれ目的としている。さらに、近年では複数の含浸材を複合した工法や、鉄筋腐食抑制型表面含浸工法なども実用化されている。

　表面含浸工法は施工後の外観の変化も少なく、施工も比較的容易であることから、主として劣化による変状が顕在化する前の予防保全に適した補修工法であると言える。

●施工手順
(1) 下地処理：コンクリート表面に付着しているほこり、遊離石灰、油脂類、塩分などをシンナー拭き、ワイヤブラシ、ディスクサンダー、高圧洗浄などによって入念に除去する。
(2) 素地調整：使用する表面含浸材の種類に応じて、施工範囲のコンクリートの表面含水状態を乾燥状態または湿潤状態とする。一般的に、シラン系および固化型けい酸塩系の表面含浸材についてはコンクリート表面をできるだけ乾燥状態とする。反応型けい酸塩系の表面含浸材についてはコンクリート表面を湿潤状態に維持する。
(3) 表面含浸材塗布：表面含浸材の塗布は、材料ごとに指定された標準使用量(単位面積当たりの規定量)および含浸回数で行う。含浸作業にはローラーまたは刷毛を用い、塗り残しのないよう均一に塗布する。
(4) 施工後の養生：使用する表面含浸材の種類に応じて、施工後の所定期間、適切な養生を行う。一般的に、シラン系および固化型けい酸塩系の表面含浸材については、施工後に降雨などに合わないように養生する必要がある。反応型けい酸塩系の表面含浸材については、施工後に清水噴霧による湿潤養生を行うこともある。

●留意点
・表面含浸工法が単独で適用される範囲は、劣化過程が潜伏期にある構造物とされている。従って、劣化過程が進展期や加速期前期にまで進展している場合には、他工法と併用するなどの対処が必要となることがある。
・施工箇所のコンクリート下地に浮き、剥離、ジャンカなどが生じている場合には、表面含浸工に先立って断面修復工を施す必要がある。
・表面含浸材を複数回に分けて塗布する場合、塗り重ね回数や塗布量、塗布間隔などは材料ごとに指定された仕様を順守する。

シラン系表面含浸工法

●用語の説明

　表面含浸工法とは、所定の効果を発揮する材料を、刷毛塗り、ローラー塗り、吹き付け、噴霧などによってコンクリート表面から含浸させ、コンクリート表層部の組織を改質して、特殊な機能を付与する工法である。コンクリート表面の外観を著しく変化させることはなく、表面被覆工と比較すると、少ない工程で、かつ短期間で施工できる。

　このうち、アルキルアルコキシシランモノマーあるいはオリゴマーまたはこれらの混合物を主成分とし、水または、有機溶剤であるミネラルスピリットやイソプロピルアルコールで希釈した材料を用いて、コンクリートの表面に吸水防止効果やはっ水性を付与させる工法を、シラン系表面含浸工法と呼ぶ。

　分子量が小さいほど浸透性は高く、またアルキル基の短い方が浸透性は優れているが、はっ水性は疎水基の長い方が一般的に高いので、分子量が260程度で、炭素数が8 〜 10程度の性能が優れているとされている。主成分であるシランモノマーやオリゴマーが加水分解し、コンクリート表面や細孔表面の水酸基と化学的に結合し、分子レベルでの疎水層形成によって吸水防止効果を発揮する。

●アルキルアルコキシシランモノマーの構造式と反応

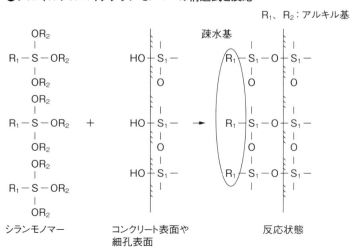

◉接触角と透水性

コンクリート表面と水の接触角が大きいほど、透水性は低くなる。

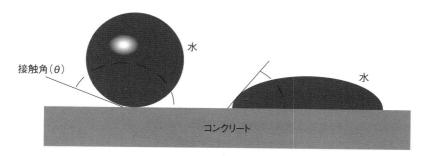

◉特徴

　シラン系表面含浸材を用いた表面含浸工は、以下の特長を有する。

(1) 施工が簡易である。

(2) コンクリート構造物の外観を変えることなく、施工後、早期に性能を発揮する。

(3) 含浸深さは、シラン系表面含浸材の主成分およびその濃度、下地となるコンクリート配合や乾燥状態などにより影響を受ける。

(4) 含浸したコンクリート表層部を疎水性に改質する。

(5) 疎水層により、水が移動媒体となる劣化因子の浸入が抑制される。

(6) コンクリートの細孔を塞ぐことがないため、内部からの水蒸気透過性に優れる。

◉表面含浸材の試験方法（JSCE-K571-2004）

　シラン塩系表面含浸材の試験方法には、以下のような種類がある。

(1) 外観観察試験

(2) 含浸深さ試験

(3) 透水量試験

(4) 吸水率試験

(5) 透湿度試験

(6) 中性化に対する抵抗性試験

(7) 塩化物イオン浸透に対する抵抗性試験

左が塗布、右が無塗布の状態

関連する用語

含浸深さ：表面含浸材をコンクリートに含浸した時に、主成分が浸透する深さ

けい酸塩系表面含浸工法

●用語の説明

　所要の性能を発揮するけい酸塩系表面含浸材をコンクリート表面から含浸させて、コンクリート表層部の空隙を固化物あるいはコンクリート中の水酸化カルシウムと反応させたC-S-Hゲルで充填し、緻密化することによって、コンクリートの耐久性を向上させる対策工法である。

●材料

　使用する材料は、けい酸アルカリ金属塩(けい酸リチウム、けい酸ナトリウム、けい酸カリウムを単体あるいはこれらを混在したけい酸塩)を主成分とする液体である。

　主成分は乾燥固形分の50wt%以上を占めており、また乾燥固形分の5%以下である添加剤や副成分を機能向上や機能付加を目的として加えたものもある。なお、乾燥固形分とは、土木学会規準JSCE-K 572「けい酸塩系表面含浸材の試験方法(案)」に基づき、けい酸塩系表面含浸材を乾燥させたときに得られる残留物を指す。

●種類
●けい酸塩系表面含浸材の種類と特徴

種類	特徴	養生方法	主成分
固化型けい酸塩系表面含浸材	・材料自体の乾燥により固化が進行し、その固化物によってコンクリート中の空隙を充填する。材料が乾燥した後の固化物は難溶性である ・ただし、含浸の初期段階である溶液時には、反応型けい酸塩系表面含浸材と同様に、コンクリート中の水酸化カルシウムとの反応によりC-S-Hゲルを生成する	雨が掛からないようにするなどの措置を施して、コンクリート表層部を乾燥状態に保持する	けい酸リチウム
反応型けい酸塩系表面含浸材	・コンクリート中の水酸化カルシウムとの反応によりC-S-Hゲルを生成して、コンクリート中の空隙を充填する ・未反応のまま残存している主成分が乾燥により析出しても、水分が供給されると再度溶解し、水酸化カルシウムとの反応性を有する	湿布や散水を繰り返すなどの措置を施して、含浸材を溶解状態にすべく、コンクリート表層部を湿潤状態に保つ	けい酸ナトリウムまたはけい酸カリウム

◉けい酸塩系表面含浸材の試験方法 (JSCE-K 572-2012)

水酸化カルシウムとの反応性の有無や、乾燥固形分率を確認した上で、固化型または反応型のいずれかに分類する。

●基本性質と種類判定の試験の流れ

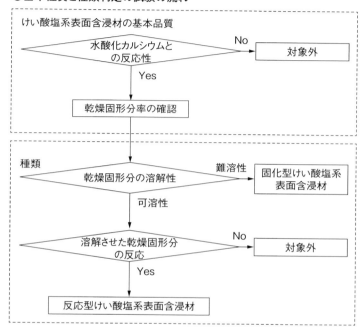

対策

なお、JSCE-K 571（表面含浸材の試験方法）とJSCE-K 572（けい酸塩系表面含浸材の試験方法（案））とでは、試験用基板および配合、作製方法、各種試験の温度と相対湿度の規定が異なるため、得られた試験結果を比較することはできない。さらに、耐久性の向上効果を評価する。

けい酸塩系表面含浸材の試験方法には、以下のような種類がある。

(1) 透水量試験
(2) 吸水率試験
(3) 中性化に対する抵抗性試験
(4) 塩化物イオン浸透に対する抵抗性試験
(5) スケーリングに対する抵抗性試験
(6) ひび割れ透水性試験
(7) 加圧透水性試験

亜硝酸リチウム表面含浸工法

●用語の説明

　亜硝酸リチウムを用いた補修工法には、ひび割れ注入工法、表面含浸工法、表面被覆工法、断面修復工法および内部圧入工法がある。亜硝酸リチウム表面含浸工法は、亜硝酸リチウム系表面含浸材とけい酸塩系(またはシラン系)表面含浸材を併用する表面含浸工法である。一般的な表面含浸工法の主目的である劣化因子の浸入抑制に加え、亜硝酸リチウムの機能のうち主として鉄筋防錆効果を付加する鉄筋腐食抑制型表面含浸工法と位置付けられる。

●亜硝酸リチウム表面含浸工法の概要

　コンクリート表面に、亜硝酸リチウム系表面含浸材、けい酸塩系(またはシラン系)表面含浸材の順で塗布する。塩害や中性化における劣化因子(塩化物イオン、二酸化炭素、水分、酸素)の浸入は、けい酸塩系(またはシラン系)表面含浸材が遮断する。また、亜硝酸リチウム系表面含浸材に含まれる亜硝酸イオンは鉄筋の不動態皮膜を再生するため、亜硝酸リチウムが含浸して鉄筋位置まで到達することで、鉄筋腐食抑制効果も期待できる状態となる。

　主としてコンクリート表面に塩害や中性化に起因するひび割れなどの変状が現れる前段階(潜伏期、進展期)に予防保全的に適用するのが一般的であるが、劣化状況や構造条件などによっては変状が表面化し始めた軽微な劣化程度の段階(加速期前期)に適用されることもある。

●亜硝酸リチウム表面含浸工法の概念図

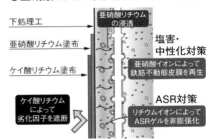

下処理工 / 亜硝酸リチウムの浸透
亜硝酸リチウム塗布
ケイ酸リチウム塗布

塩害・中性化対策
亜硝酸イオンによって鉄筋不動態皮膜を再生

ASR対策
リチウムイオンによってASRゲルを非膨張化

ケイ酸リチウムによって劣化因子を遮断

亜硝酸リチウム表面含浸工法の施工状況

●亜硝酸イオンによる鉄筋腐食抑制メカニズム

　亜硝酸イオン($NO_2{}^-$)は、2価の鉄イオン(Fe^{2+})と反応してアノード部からのFe^{2+}の溶出を防止し、不動態皮膜(Fe_2O_3)として鉄筋表面に着床する。上図に示すとおり、この反応によって不動態皮膜が再生され、以後の鉄筋腐食進行は抑制される。

●亜硝酸イオンによる不動態皮膜の再生

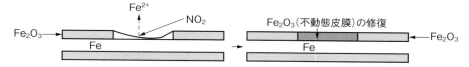

$$2Fe^{2+} + 2OH^- + 2NO_2 \rightarrow 2NO + Fe_2O_3 + H_2O$$

　劣化機構が塩害の場合、亜硝酸イオンによる再不動態化による鉄筋の防錆効果は、塩化物イオンに対するモル比(NO_2^-/Cl^-)と関係があり、鉄筋腐食抑制に有効なモル比は1.0以上であると言われている。

◉施工手順

(1)下地処理：コンクリート表面に付着しているほこり、遊離石灰、油脂類、塩分などを、シンナー拭き、ワイヤブラシ、ディスクサンダー、高圧洗浄などによって入念に除去する。

(2)素地調整：コンクリート表面は乾燥状態とする。このとき、表面水分率が6％以下であることを確認する。

(3)亜硝酸リチウム系表面含浸材塗布：亜硝酸リチウム系表面含浸材の塗布量は標準使用量(単位面積当たりの規定量)を基本とするが、条件によっては塩化物イオンに対するモル比(NO_2^-/Cl^-)1.0となる亜硝酸リチウム量を計算して塗布量とすることもある。塗布含浸作業にはローラーまたは刷毛を用い、塗り残しのないよう均一に塗布する。

(4)養生工：亜硝酸リチウム系表面含浸材塗布後、コンクリート表面が再び乾燥状態(表面水分率が6％以下)となるまで養生期間をおく。

(5)けい酸塩系(またはシラン系)表面含浸材塗布：けい酸塩系またはシラン系表面含浸材の塗布量は標準使用量(単位面積当たりの規定量)とする。けい酸塩系表面含浸材は一般的にけい酸リチウム系が用いられている。塗布含浸作業にはローラーまたは刷毛を用い、塗り残しのないよう均一に塗布する。

◉留意点

・亜硝酸リチウムによる鉄筋腐食抑制効果は、亜硝酸イオンが鉄筋位置まで含浸してはじめて効果が発揮される。従って、かぶり厚さの大きな橋梁下部工などでは鉄筋腐食抑制効果が発揮されるまでに長期間を要することがある。既往の研究では、亜硝酸イオンの含浸速度は30mm/5カ月程度であると言われている。

・亜硝酸リチウムに含まれるリチウムイオンはアルカリシリカゲルを非膨張化する効果があるが、リチウムイオンの含浸範囲はコンクリート表層部に限られるため、根本的なASR膨張抑制とはならないことに留意しなければならない。

亜硝酸リチウム内部圧入工法

◉用語の説明

　亜硝酸リチウムを用いた補修工法には、ひび割れ部注入工法、表面含浸工法、表面被覆工法、断面修復工法および内部圧入工法がある。このうち亜硝酸リチウム内部圧入工法は、亜硝酸リチウムの機能である鉄筋防錆効果およびASR膨張抑制効果を最も積極的に活用する工法と言える。塩害、中性化、ASRなどで劣化し始めたコンクリート構造物に削孔を行い、そこからコンクリート内部へ亜硝酸リチウムを内部圧入する補修工法である。

◉ASR補修としての亜硝酸リチウム内部圧入工法

　劣化機構がASRの場合、リチウムイオンによるアルカリシリカゲルの膨張抑制効果を期待して亜硝酸リチウムをコンクリート内部に浸透させる。削孔径はϕ20mmとし、内部圧入装置を用いてコンクリート部材全体に亜硝酸リチウムが浸透するよう内部圧入する。亜硝酸リチウム設計圧入量は既往の研究により、アルカリ含有量に対するリチウムイオンのモル比（Li^+/Na^+）が0.8となる亜硝酸リチウム量と定められている。

　残存膨張量試験の結果などで将来の膨張性が大きい（有害である）と評価される場合や、維持管理のうえで再劣化を許容できない場合などで適用される工法と位置付けられる。

●内部圧入工法の概念図（ASRの場合）

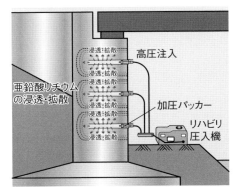

内部圧入工の施工状況

◉リチウムイオンによるASR膨張抑制メカニズム

　反応性骨材の周囲に生成したアルカリシリカゲルにリチウムイオンが浸透すると、ゲルとリチウムイオンが反応して不溶性ゲルを生成するため、以後のASR膨張を抑制する。

●アルカリシリカ反応の概念とリチウムイオンによる抑制の概念

［アルカリシリカ反応］　　　　　　　　　　［リチウムイオンがアルカリシリカ反応を抑える仕組み］

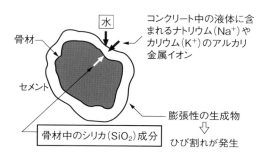

骨材
セメント
水
コンクリート中の液体に含まれるナトリウム(Na⁺)やカリウム(K⁺)のアルカリ金属イオン
骨材中のシリカ(SiO_2)成分
膨張性の生成物
⇩
ひび割れが発生

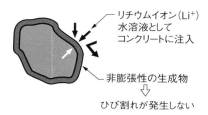

リチウムイオン(Li⁺)水溶液としてコンクリートに注入
非膨張性の生成物
⇩
ひび割れが発生しない

◉塩害および中性化補修としての亜硝酸リチウム内部圧入工法

　劣化機構が塩害または中性化の場合、亜硝酸イオンによる鉄筋腐食抑制効果を期待して亜硝酸リチウムをコンクリート内の鉄筋周辺部に浸透させる。削孔径はϕ10mm、深さを100mm程度とし、カプセル式の圧入装置を用いてコンクリート表層部(防錆対象とする鉄筋の周囲)に亜硝酸リチウムを内部圧入する。亜硝酸リチウム設計圧入量は既往の研究により、塩化物イオンに対する亜硝酸イオンのモル比(NO_2^-/Cl^-)が1.0となる亜硝酸リチウム量と定められている。

●内部圧入工法の概念図(塩害、中性化の場合)

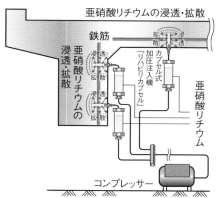

亜硝酸リチウムの浸透・拡散
鉄筋
亜硝酸リチウムの浸透・拡散
カプセル式加圧注入機「アハビリカプセル」
亜硝酸リチウム
コンプレッサー

◉留意点

・内部圧入工施工時の亜硝酸リチウム漏出を防止する観点から、事前にひび割れ注入および表面シールを行う必要がある。

・亜硝酸リチウム内部圧入工法は比較的多量の亜硝酸リチウムを使用する工法である。亜硝酸イオン(NO_2^-)は、硝酸性窒素および亜硝酸性窒素として環境基準値10mg/l以下(2013年11月5日環境省告示第123号

カプセル式圧入装置による施工状況

水質汚濁に係わる環境基準「人の健康の保護に関する基準」)と定められているため、施工および保管時における流出には十分注意しなければならない。

断面修復工法

◉用語の説明

　断面修復工法は、コンクリート構造物が劣化により元の断面を喪失した場合の修復や、中性化、塩化物イオンなどの劣化因子を含む表層コンクリートを除去した場合の断面修復を目的とした修復工法である。

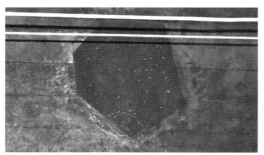
断面修復の例

断面を除去した様子

◉断面修復材の概要

　一般的に、ポリマーセメントモルタル系と樹脂モルタル系に大別される。補修断面の大きさ、打ち継ぎ方向、早強性の要否、施工方法などの条件により、選択される。断面修復材に要求される性能は以下のとおり。

(1) 圧縮、曲げおよび引張強度などが下地コンクリートと同等以上であること。

(2) 熱膨張係数、弾性係数、およびポアソン比などが下地コンクリートと同等であること。

(3) 乾燥収縮が小さく、接着性が良いこと。

(4) 現場施工であるため、作業性が良いこと。

◉断面修復工法の概要

　コンクリートが劣化し、浮きや剥離が生じている部位は、内部の鉄筋がさびていることが多い。この部位をはつり取って、そのまま断面修復材を用いて修復を行っても、再度鉄筋がさびて体積膨張を起こし、浮きや剥離などの再劣化現象が生じる。断面修復を行う際は前処理工程として、はつり出された鉄筋部分に防錆処理を併せて行うことが多い。防錆処理は、小規模な場合はワイヤブラシなどを用いるが、大規模な場合はブラスト処理を行い、鉄筋に発生しているさびを落とす。さびの除去は、鉄筋の裏側まで行わなければ本

来の効果が損なわれる。さびが除去された後に、鉄筋防錆材料を塗布する。鉄筋防錆材料には、ポリマーセメント系防錆材料や樹脂系防錆材料、錆転換型防錆材料などがある。鉄筋防錆材料は、鉄筋の裏側まで塗布されていなければ、本来の効果は損なわれる。

　一般に、(1) プライマーや鉄筋防錆材などの下塗りと、(2) 断面修復材による欠損部の充填、(3) 養生の工程で実施される。

◉断面修復工法の種類

　左官工法、モルタル注入工法、コンクリート充填工法、吹き付け工法(湿式、乾式)などがある。

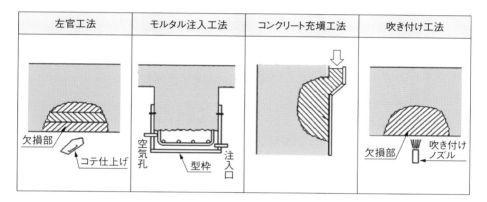

左官工法	モルタル注入工法	コンクリート充填工法	吹き付け工法

◉留意点

・断面修復工法の後に、劣化原因に応じて含浸材塗布工法や、電気化学的補修工法を適用する場合がある。

・下地処理は共通して、はつり、目荒し、ケレン、鉄筋のさび落とし、高圧水洗浄、清掃などを実施する。

関連する用語
熱膨張係数：温度変化に対する単位長さの変化率の割合。線膨張係数と等しい
弾性係数：弾性を有する材料に外力を加えた場合に生じる応力とひずみの関係を表す係数
ポアソン比：加力時に生じる載荷軸方向のひずみに対する載荷軸直角方向のひずみの比
乾燥収縮：コンクリートやモルタルが乾燥雰囲気環境下において変形して縮む現象
プライマー：最初に塗る塗料などの材料
ブラスト処理：鉄粉などの研磨剤を圧縮空気で金属表面にたたき付けて異物を取り除く方法
錆転換型防錆材料：赤さびを安定な黒さび (マグネタイトFe_3O_4)に化学的変化させる防錆材料

キーワード 120

表面被覆工法

◉用語の説明

　コンクリート構造物の表面を樹脂系やポリマーセメント系の塗料やパネル材料で被覆し、構造物の耐久性を向上させる工法である。

◉工法の分類

表面被覆工法
　── 塗装工法
　── パネル取り付け工法
　── 防食型枠工法

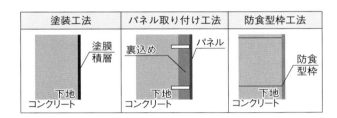

塗装工法	パネル取り付け工法	防食型枠工法
塗膜 積層 下地コンクリート	裏込め パネル 下地コンクリート	防食型枠 下地コンクリート

◉表面被覆工法の概要

　表面被覆工法の目的は、表面被覆材によりコンクリート構造物の劣化原因となる水分、二酸化炭素、酸素、塩分、硫酸、腐食性ガスなどの浸入因子を遮断して、コンクリート構造物の劣化進行の抑制を図ることである。また、汚れ防止や美観対策などの目的もある。

　表面被覆工法は、被覆材の種類により、塗装工法(刷毛、ローラー刷毛塗り、吹き付け)、パネル取り付け工法、および防食型枠工法に分類される。使用する材料は、浸透性吸水防止材、各種塗料、建築用仕上げ塗材、塗膜防水材、成型品(パネル被覆、防食型枠)などがある。

◉表面被覆材の要求性能

　表面被覆材に要求される性能は、劣化損傷要因や施工環境条件などによって異なり、一般的には

　(1) 劣化因子の遮断性
　(2) 下地コンクリートとの付着性・一体性
　(3) ひび割れ追従性
　(4) 耐アルカリ性
　(5) 耐候性　　　　　などがある。

●劣化原因と要求性能

劣化原因	要求性能
アルカリシリカ反応	防水性、柔軟性、遮塩性、透湿性
塩害	防水性、柔軟性、遮塩性
中性化	防水性、ガス透過阻止性
凍害	防水性、柔軟性
化学的腐食	耐薬品性

●塗装工法の例

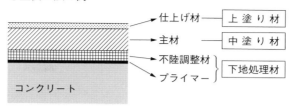

- 仕上げ材 → 上塗り材
- 主材 → 中塗り材
- 不陸調整材 ┐
- プライマー ┘ 下地処理材

コンクリート

◉施工手順

(1) 塗装工法の標準的な手順

(a)下地処理：サンダーなどによる目荒し、ほこりや油分の除去、高圧洗浄機による表面洗浄など。(b)プライマー処理：材料の接着性を高めるための表面処理。(c)不陸調整：下地の凹凸を極力なくすためのパテ材による段差修正、豆板やセパの穴埋め処理。(d)中塗り：最も重要な工程。材料に規定された施工方法で基準塗膜厚を確保する。(e)上塗り：中塗りの塗膜を紫外線などから保護する仕上げ層、ウレタン系やフッ素系塗料などを使用。(f)養生。

(2) パネル取り付け工法の手順

(a)下地処理。(b)胴縁やガイド取り付け。(c)パネル固定。(d)ジョイント部のシーリング処理。(e)養生。

(3) 防食型枠工法の手順

(a)下地処理。(b)アンカーピンなどによる防食型枠の設置。(c)無収縮モルタルなどによる裏込め充填。(d)養生。

◉留意点

・下地コンクリートに劣化や損傷のある場合は断面修復工法を先行する。

・塩害を生じた構造物において、鉄筋腐食限界量を上回る塩化物イオンが確認された場合は、除去するか電気化学的な補修を選定する。

・塗装材料は、施工時の温度や対象面の水分の影響を受ける場合がある。また、内部に水分を閉じ込めないように、乾燥や排水などの対策を実施する。

関連する用語
ポリマーセメント：モルタルなどで、セメントの部分の一部をポリマーで置換した材料
防食型枠：コンクリートを腐食環境から遮断する性能を有する埋設型枠の一種
ひび割れ追従性：季節や経過時間によるひび割れ幅の変化に応じて、対応する性質
耐候性：屋外で使用された場合に、変形、変色、劣化などの変質を起こしにくい性質

増し厚工法

◉用語の説明

　既設コンクリート構造物の表面を切削、研掃、除去した後、必要に応じて補強鉄筋を追加するとともに、コンクリートや繊維補強コンクリート、あるいはポリマーコンクリートなどを施工し、部材断面を厚くして性能の回復や向上を図る工法。

◉増し厚工法の種別

　増し厚工法は、構造物の補強工法の一つで、床や床版に適用されることが多く、適用部位によって上面増し厚工法、下面増し厚工法に分類される。

◉上面増し厚工法の概要

　上面増し厚工法は、床版コンクリート上面を切削、研掃した後、鋼繊維補強コンクリートを打ち込み、床版を増し厚することで疲労破壊抵抗性などの性能の向上を図る床版上面増し厚工法と、これに補強鉄筋を配置する鉄筋補強上面増し厚工法がある。

●上面増し厚工法(左:床版上面増し厚工法、右:鉄筋補強上面増し厚工法)

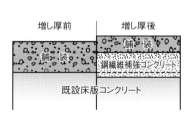
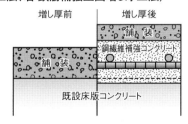

(1)床版上面増し厚工法:主にRC床版の押し抜きせん断に対する耐荷性能の向上を目的とする。また、新旧コンクリートの一体化により、中立軸の上昇に伴う曲げ耐力の向上や、床版全体の剛性向上による活荷重たわみの減少と、活荷重応力の低減が期待できる。床版上面増し厚工法は、橋面上の交通規制を伴うため、工期の短縮を目的として超速硬セメントを使用する事例が多い。

(2)鉄筋補強上面増し厚工法:断面内に補強鉄筋を配置することで、連続橋の中間支点部の主桁や、主版あるいは張り出し床版部の負の曲げモーメントに対する耐荷性能の向上を目的とする。

●下面増し厚工法の概要

　下面増し厚工法は、床版下面に鉄筋などの補強材を配置し、増し厚材料として付着性の高いモルタルを用いて吹き付け工法により増し厚する。既設床版と下面増し厚層が合成構造として機能し、床版の曲げ耐力の向上を図る床版補強工法である。補強後は、床版剛性が向上し鉄筋応力度、床版たわみ量が低減し、付随的にせん断耐荷力が向上する。その結果、床版の疲労耐久性は向上する。

　特徴：下面増し厚工法は、道路交通解放したまま施工ができる。また、天候の影響を受けない。道路交通を解放したまま施工するため、使用するポリマーセメントモルタルは、交通振動下の床版下面に吹き付けることが可能な性能を要する。

　補強鉄筋：床版下面にコンクリートアンカーを使って固定する。D6、D10異形鉄筋を配置した例が多い。

●下面増し厚工法の概要

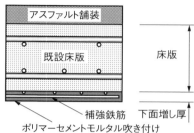

　下面増し厚材料：主にポリマーセメントモルタルが使用される。橋梁下で、吹き付け下面増し厚用のポリマーセメントモルタルをミキサーで練り混ぜ、モルタルポンプで床版下面まで圧送し、高圧空気によりノズルから吹き付けて施工する。

●留意点

(1) 上面増し厚工法

・超速硬セメントを使用した鋼繊維補強コンクリートを使用する。乾燥収縮のひび割れを低減するためスランプ5cm程度の硬練りとする。

・補強効果を高めるため鋼繊維を混入する。

(2) 下面増し厚工法

・下面増し厚工法は、主に曲げ耐力の向上を目的として実施するが、付随的にせん断耐荷性能も向上する。しかし、せん断抵抗性を失った床版に適用する場合は、部分打ち替え工法を採用するなどの検討が必要になる。

関連する用語
疲労破壊：応力の繰り返しで微細なひび割れが徐々に進展し、脆性的な破断に至る破壊
中立軸：部材が曲げモーメントを受けると、ある面を境として一方が伸び、他方が縮んで湾曲するが、その負荷を全く受けていない境界のこと
剛性：材料や部材が荷重を受けたときの、変形に対する抵抗性の程度。弾性係数と同じ意味

耐震補強工法

●用語の説明

耐震補強工法とは、構造物の耐震性能を向上させる工法である。

●対策の目的

耐震補強は、地震時に既設構造物の安全性を確保するとともに、人命の損失を生じさせるような壊滅的な損傷を未然に防止すること、および地域住民の生活や経済活動に支障を来すような機能の低下を極力抑制することを目的として行う。すなわち、構造物が地震時水平力に対してせん断破壊しないこと、万一破壊に至るとしても曲げ破壊先行型の破壊形式とすること、柱や壁の基部の曲げ破壊を先行させることが期待される。

耐震補強工法の選定フローの例を下に示す。

●耐震補強工法の選定フローの例

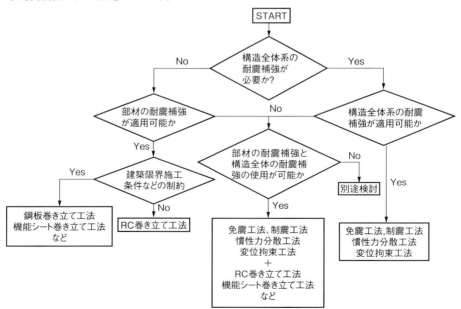

◉対策手法

以下に、耐震補強工法の種類を示す。

●耐震補強工法

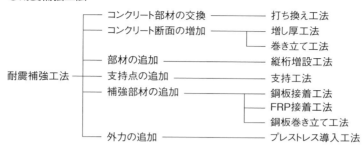

耐震補強工法	コンクリート部材の交換	打ち換え工法
	コンクリート断面の増加	増し厚工法
		巻き立て工法
	部材の追加	縦桁増設工法
	支持点の追加	支持工法
	補強部材の追加	鋼板接着工法
		FRP接着工法
		鋼板巻き立て工法
	外力の追加	プレストレス導入工法

◉対策の適用範囲

　曲げ耐力の向上を図る方法には、鉄筋コンクリートで巻き立てる方法や、補強材を主軸方向に配置して既設コンクリート部材に接着する方法がある。主な補強材は、鋼板、帯鋼板、炭素繊維、アラミド繊維などである。

　また、せん断耐力の向上を図る方法には、鉄筋コンクリートで巻き立てる方法や、補強材を用いて既設コンクリート部材を拘束する方法がある。補強材は帯鉄筋の方向に配置する。主な補強材は、鉄筋、帯鋼板、炭素繊維、アラミド繊維などである。

　変形性能（じん性能）の向上を図る方法としては、既設コンクリート部材を補強材などによって拘束する方法が用いられる。せん断耐力を向上させる場合と同様、補強材は帯鉄筋の方向に配置する。配置する範囲は、塑性ヒンジ区間とされる接点から部材厚さの2倍程度の区間（＝通常「2D区間」という）である。主な補強材は、鉄筋、鋼板、帯鋼板、炭素繊維、アラミド繊維などである。

耐震補強された橋脚

地震により損傷した橋梁

巻き立て工法

●用語の説明

巻き立て工法とは、既設コンクリート部材の周囲に鋼板やFRPシートを配置し、既設部材との一体化により、必要な性能の向上を図る工法である。鋼板を用いる場合は鋼板巻き立て工法と呼び、FRPシートを用いる場合はFRP巻き立て工法と呼ぶ。

●対策の目的

巻き立て工法は、せん断耐力を向上させ、せん断破壊先行となることを防止するとともに変形性能の向上を図る工法である。

特に、施工空間に制約があって増し厚する空間がない場合や、比較的規模の大きい橋脚で死荷重の増加を抑える目的で使用される。主として、柱や壁の曲げおよびせん断補強、橋脚などの補強、特に段落とし部の補強に多く採用される。

●鋼板巻き立て工法

鋼板巻き立て工法は、既設部材の周りに鋼板を配置し、既設部材と鋼板との間に無収縮モルタルやエポキシ樹脂などを充填して一体化させ、耐荷力の回復もしくは増加を図る補強工法である。

下地処理を施し、所定の隙間に鋼板をアンカーにより固定して、現場溶接などで分割した鋼板を継ぎ合わす。その後、下側から無収縮性モルタルを注入し一体化を図る。なお、1回の注入高さは鋼板の変形などを考慮して3m程度とする。最後に、防錆処理として表面

●高架橋柱などにおける鋼板巻き立て補強の概要

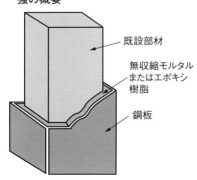

既設部材

無収縮モルタルまたはエポキシ樹脂

鋼板

鋼板巻き立てされた構造物

264

被覆工法を施す。標準的な作業の流れは以下のとおりである。

［足場の設置］→［現地調査］→［鋼板の製作］→［コンクリート面の下地処理］→［アンカーボルトの設置］→［鋼板の取り付け］→［シール材の施工］→［モルタルあるいは樹脂の注入］→［養生］→［仕上げ］→［表面被覆］→［足場の撤去］

◉FRP巻き立て工法

コンクリート面をサンドブラストなどにより打ち継ぎ目を処理した後に、部分的な凹凸に対して樹脂モルタルなどにより不陸調整を行い平たん面に成形する。この面にFRP接着用樹脂を塗布し、FRPシートを指などで圧力を加え接着

●FRP巻き立て工法の断面図

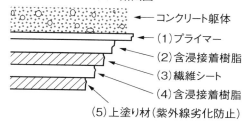

← コンクリート躯体
← (1)プライマー
← (2)含浸接着樹脂
← (3)繊維シート
← (4)含浸接着樹脂
(5)上塗り材(紫外線劣化防止)

面に固定する。鋼材より比重の小さなFRPは、圧力を加えることによって、落下することなく固定される。コンクリート面に固定されたFRPシート表面から硬質ゴムでできたローラーを押し付け、接着層内部の空隙を取り除く。

FRPシートには、炭素繊維、アラミド繊維などがある。ただし、現状では実績が多く品質が安定し、高強度、高弾性の炭素繊維の使用が望ましい。

◉対策上の留意点

既設コンクリート表面の劣化が著しく、品質が低下している場合には、別途検討が必要となる。また、補強後には、コンクリート表面のひび割れなどのコンクリートの劣化進行を直接追跡調査できないなどの問題点もある。さらに、鋼板巻き立て工法の場合、塩害などの劣化が生じやすい腐食環境下において、鋼板が腐食して効果を発揮できない場合があるので、重防食塗装を行うなどの対応が必要である。

一方、FRP巻き立て工法の場合、繊維の目付(単位面積当たりの質量)が大きい繊維シートを使用する際は、含浸接着樹脂の含浸性について十分注意する必要がある。また、含浸接着樹脂として一般的に用いられているエポキシ樹脂は、紫外線劣化が懸念されるため、表面塗装に用いる上塗り材は、耐候性に優れているものを選定しなければならない。

接着工法

●用語の説明

　鋼板接着工法は、コンクリート部材の引張
応力作用面に鋼板を取り付け、鋼板とコンク
リートの空隙に注入用接着剤を圧入し、コン
クリートと接着して既設部材と一体化させる
ことにより、曲げ耐力とせん断耐力の向上を
図る工法である。既設部材に対して鉄筋量を
増加させた場合と同様の効果を期待できる。
一般に4.5～6.0mm程度の鋼板が用いられる。

鋼板接着の作業中の写真

　FRP接着工法は、コンクリート部材の引張
応力作用面に、連続繊維マット、クロスおよびシートに繊維結合材を含浸させ、成形、硬
化させたFRP成形板を接着して既設部材と一体化させることにより、必要な性能の向上を
図る工法である。

●鋼板接着工法

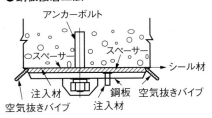

●FRP接着工法

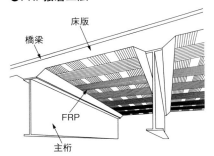

●対策の目的

　接着工法は、コンクリート橋の曲げモーメント作用方向に適用することにより、鉄筋の応
力低減および応力分散効果がある。また、T桁橋や箱桁橋のウエブ面に適用することによ
り部材のせん断補強効果がある。

●対策の適用範囲

　接着工法は、床版補強、主桁補強および橋脚、柱や壁の耐震補強に利用される。鋼橋

RC床版については、床版下面に鋼板やFRP板を接着することによって、曲げ補強と押し抜きせん断補強に対する効果が期待できる。

●橋梁床版に対する鋼板接着工法の例

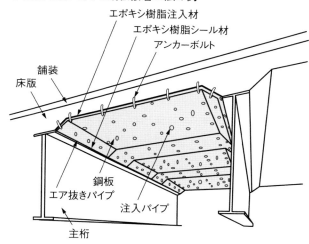

◉対策手法

鋼板接着工法の施工手順は次のとおりである。コンクリート表面の付着を阻害する物質（レイタンス、ほこりなど）をディスクサンダーやブラスト工法などで除去し、健全なコンクリート付着面を出す。鋼板設置用のアンカーボルトを取り付け、小さく分割した鋼板を連結すると同時にコンクリートと鋼板を所定の間隔(5mm程度)を保持するように設置する。その後、固定された鋼板の周囲などをエポキシ樹脂でシール後、注入パイプからエポキシ樹脂を注入し、接着・一体化する。標準的な作業の流れは以下のとおりである。

[足場の設置]→[現地調査]→[鋼板の製作]→[コンクリート面の下地処理]→[アンカーボルトの設置]→[鋼板の取り付け]→[シール材の施工]→[樹脂の注入]→[養生]→[仕上げ]→[表面塗装]→[足場の撤去]

◉対策上の留意点

既設コンクリートが劣化していたり強度が不足していたりする場合、鋼板やFRP板と既設コンクリートを十分に一体化できない。また、既設コンクリートにひび割れなどが著しく進行している場合、事前に適切な補修を行う必要がある。

また、コンクリート面を鋼板やFRP板で覆うため、ひび割れなどの変状の進行が確認しづらく、上面からの水が滞水することもある。

プレストレス導入工法

●用語の説明

プレストレス導入工法は、コンクリート部材にPC鋼材などの緊張材を配置してプレストレスを導入することにより、応力のバランスを改善しつつ、曲げモーメントやせん断力に対する耐荷性能を向上させる目的で適用される工法である。

また、単純桁を連続化して維持管理の軽減と耐荷性能の向上を目的として適用する場合、ひび割れや変形の改善・たわみに対する剛性の向上を目的として適用する場合など、様々な目的で採用される。プレストレスの導入には、内ケーブル方式と外ケーブル方式がある。

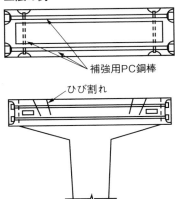

●橋脚に適用したプレストレス導入
工法の例

補強用PC鋼棒

ひび割れ

PC鋼材の配置、鉄筋の組み立て

緊張工

◉対策の目的

梁やスラブ、橋脚などの曲げおよびせん断補強に用いられる。

◉対策手法

プレストレス導入工法の施工フローを、以下に示す。

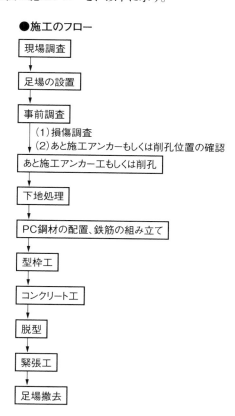

●施工のフロー

現場調査
↓
足場の設置
↓
事前調査
　（1）損傷調査
　（2）あと施工アンカーもしくは削孔位置の確認
↓
あと施工アンカー工もしくは削孔
↓
下地処理
↓
PC鋼材の配置、鉄筋の組み立て
↓
型枠工
↓
コンクリート工
↓
脱型
↓
緊張工
↓
足場撤去

◉対策上の留意点

　既設部材の損傷の程度が設計時に想定した状態と異なる場合もあるので、施工に当たっては既設部材の状況に応じた適切な処置が必要となる。

　なお、「126 外ケーブル工法」（270ページ）も参照されたい。

外ケーブル工法

◉用語の説明

外ケーブル工法とは、緊張材をコンクリートの外部に配置し、定着体と偏向装置(デビエーター)を介して部材に緊張力を与えることにより、曲げおよびせん断耐力の向上を図る対策工法である。外ケーブル工法の概念を下図に示す。

●外ケーブル工法の概念図

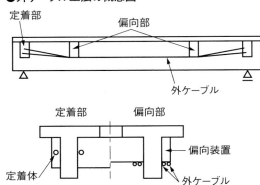

◉対策の目的

外ケーブル工法は、プレストレスを導入することにより、曲げおよびせん断補強を目的とする補強方法である。構造物の局部的な補強よりは、むしろ構造系の変更や耐力の改善を目的として採用される。特徴を次に示す。

(1) 補強効果が力学的に明確である。

(2) 偏向部をせん断補強部に設置し、外ケーブルの鉛直分力を考慮することにより、設計せん断力を軽減できる。

(3) 連続桁の中間支点上の負曲げモーメントの低減効果も期待できる。

(4) 補強後の維持管理が比較的容易である。

(5) 基本的に交通規制を必要としない。

◉対策手法

外ケーブル工法の施工フローを右ページに示す。

外ケーブル工法により補強された橋

●施工フロー

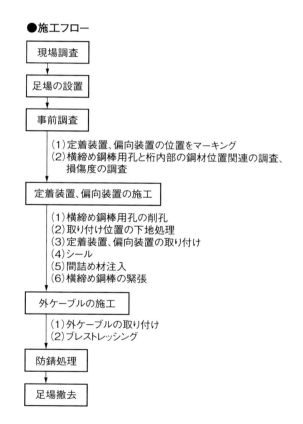

| 現場調査 |

↓

| 足場の設置 |

↓

| 事前調査 |

(1)定着装置、偏向装置の位置をマーキング
(2)横締め鋼棒用孔と桁内部の鋼材位置関連の調査、損傷度の調査

| 定着装置、偏向装置の施工 |

(1)横締め鋼棒用孔の削孔
(2)取り付け位置の下地処理
(3)定着装置、偏向装置の取り付け
(4)シール
(5)間詰め材注入
(6)横締め鋼棒の緊張

| 外ケーブルの施工 |

(1)外ケーブルの取り付け
(2)プレストレッシング

| 防錆処理 |

↓

| 足場撤去 |

◉**対策上の留意点**

(1)コンクリートの強度不足や劣化に対しては、効果を期待できない。

(2)外ケーブルによってプレストレスを導入しても、剛性は向上しない。

　なお、「125 プレストレス導入工法」(268ページ)も参照されたい。

ライフサイクルコスト

◉用語の説明

構造物における設計、施工、供用、廃棄の各段階に掛かる費用を合計した総費用。生涯費用とも呼ばれる。

構造物などの企画、設計に始まり、施工、運用を経て、修繕、耐用年数の経過により解体処分するまでを構造物の生涯と定義して、その全期間に要する費用を意味する。ただし、既設構造物の場合には、点検、補修および撤去に加え、改良および更新の費用を加味する場合もある。

◉ライフサイクルコスト（LCC）の試算の目的

LCCは、維持管理の達成目標として、トータルコストの最小化を評価する方法として用いられる。

構造物などを低価格で建設することができたとしても、それを使用する期間中における費用までを考慮しないと、総合的にみて高い費用となる場合がある。イニシャルコストのみならず、ランニングコストを含めた総合的な費用の把握は、近年における経営上の意思決定の常識となっている。

●維持管理方法の違いによるライフサイクルコスト（LCC）の比較

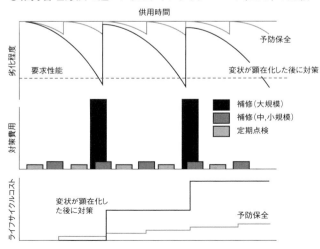

◉適用方法

　LCCの評価結果は、「どの」補修・補強工法で「いつ」対策を実施すべきかの意思決定に参考となるとともに、「どの」構造物から補修・補強を行うべきかの「優先順位」の決定や、今後の維持管理費用の予算措置や経営上の危機管理の参考にもなる。

◉計算手法

　ライフサイクルコスト(LCC)の定義

　LCC＝I＋M＋R

　　　ここに、I　　：イニシャルコスト(初期建設費用)

　　　　　　　M　　：メンテナンスに掛かる費用(維持管理費用、補修・補強を含む)

　　　　　　　R　　：撤去費用

　　　　　　　M＋R：ランニングコスト

　構造物の設計は、イニシャルコスト(I) の最小化を基本として行われていたが、構造物を使用する期間中におけるメンテナンス(保守・管理)、保険料、長期的な利払い、廃棄時の費用(M＋R：ランニングコスト)までも考慮する。LCC評価を行うことにより、性能水準を達成するためのイニシャルコストの大小とランニングコストの組み合わせによってLCC評価が変化し、イニシャルコストのみの最小化が必ずしもLCCを最小化するとは限らない。

●構造物の生涯費用の概要

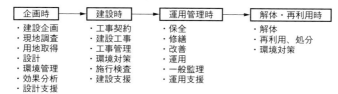

◉留意点

・LCCを抑えるためには、企画・設計段階から全費用を総合的に検討し、諸対策を立案することが必要となるが、昨今のアスベスト対策のように、当初は有効でも後日想定外の事態により費用が掛かる場合もある。

・使用期間が長い構造物ほど、LCCの計算には誤差が生じる可能性が高くなる。また、構造物の部位、単位ごとに劣化予測およびリスク評価を実施した後で、一つの構造物または複数の構造物における維持・補修の優先順位を決定する必要がある。

関連する用語
耐用年数：減価償却の対象となる資産において利用が可能な年数のことを指す
イニシャルコスト：システムや構造物を導入するときの初期投資費用のこと
ランニングコスト：システムや構造物などを運用・管理し続けるのに必要な費用のこと

アセットマネジメント

●用語の説明

　アセットマネジメントとは、社会インフラを資産として捉え、その現状を客観的に把握・評価したうえで、中長期的な資産の状態を予測し、計画的かつ効率的に維持管理する手法である。2014年1月に発行されたアセットマネジメントに関する国際規格であるISO55000シリーズでは、アセットとは「組織にとって潜在的に又は実際に価値を有するもの」と定義し、特に物的アセットを主対象としている。

　また、アセットマネジメントとは「アセットからの価値を実現化する組織の調整された活動」と定義しており、社会インフラのメンテナンスは価値の実現化を図るため重要な要素として位置付けられている。なお、アセットマネジメントに類似した概念として、ストックマネジメントが挙げられる。

　構造物の管理者がアセットマネジメントを導入する利点として、①構造物の長寿命化を図りやすくなる、②ライフサイクルコスト(LCC)を抑制できる、③年度ごとの維持管理費を平準化できる——といった点が挙げられる。

●アセットマネジメントの考え方と導入の利点

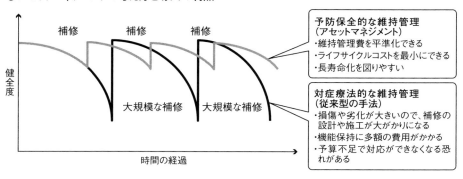

補修　補修　補修

健全度

大規模な補修　大規模な補修

時間の経過

予防保全的な維持管理
(アセットマネジメント)
・維持管理費を平準化できる
・ライフサイクルコストを最小にできる
・長寿命化を図りやすい

対症療法的な維持管理
(従来型の手法)
・損傷や劣化が大きいので、補修の設計や施工が大がかりになる
・機能保持に多額の費用がかかる
・予算不足で対応ができなくなる恐れがある

●ブリッジマネジメント

　橋梁に特化したアセットマネジメントをブリッジマネジメント(Bridge Management)と呼ぶ。橋梁群の健全度を客観的に評価し、劣化機構ごとの長期予測を行い、LCCの最適化を図る補修工法と補修時期を立案する際などに用いられる。

● NEXCOブリッジマネジメントの変状グレードと劣化曲線

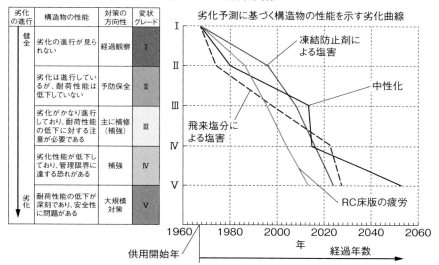

劣化の進行	構造物の性能	対策の方向性	変状グレード
健全	劣化の進行が見られない	経過観察	Ⅰ
	劣化は進行しているが、耐荷性能は低下していない	予防保全	Ⅱ
	劣化がかなり進行しており、耐荷性能の低下に対する注意が必要である	主に補修（補強）	Ⅲ
	劣化性能が低下しており、管理限界に達する恐れがある	補強	Ⅳ
劣化	耐荷性能の低下が深刻であり、安全性に問題がある	大規模対策	Ⅴ

劣化予測に基づく構造物の性能を示す劣化曲線

　補修費用の平準化を図るべく実施したアセットマネジメントの例を示す。最初に策定された計画の補修時期を、対象年の前後に振り分けた。この事例では平準化によって、単年度の補修費用が半減する結果となった。

● アセットマネジメントによる補修費の平準化の例

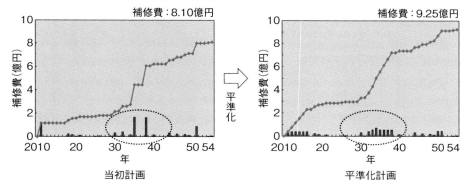

当初計画　　　　　　　　　　　　　　　　平準化計画

長寿命化修繕計画

◉用語の説明

橋梁の長寿命化修繕計画とは、点検により損傷を把握したうえで、予防的な修繕を計画的に進め、橋梁の長寿命化と修繕に掛かる費用の縮減および平準化を図りつつ、道路ネットワークの安全性と信頼性を確保するマネジメント行為のための計画である。

◉背景と制度の概要

今後、橋梁の老朽化が急速に進展する。その結果、崩壊事故に至るような重大な損傷が生じて人命が脅かされたり、損傷や耐荷力不足による通行規制が増えて社会的損失が発生したりする恐れがある。これらに「事後保全」で対応し、大規模補修や架け替えを行うと、膨大な費用がかかり自治体の財政を圧迫する。

そこで、国土交通省では、2007年度に橋梁長寿命化修繕計画補助事業を実施し、全国の地方自治体に橋梁の適切な維持管理計画を策定するよう働きかけた。予防的な修繕と計画的な架け替えを普及させ、維持管理にかかる費用を削減することが目的である。支援する期間は都道府県と政令市が11年度まで、市町村は13年度までとした。09年度には同制度を拡充し、それまで修繕計画策定に限っていた補助の対象を、点検業務にも広げた。13年4月時点で約9割(橋梁数ベース)で策定を終え、順次、それに基づく点検、修繕を実施している。

◉長寿命化修繕計画の流れ

点検では、近接目視によって損傷程度の把握、記録・撮影を行い、損傷図の作成・点検結果を入力する。次に、診断では、損傷に対する対策区分の判定として、部材ごとおよび橋梁全体の健全度を、下表の通り4段階で評価する。さらに、点検や診断の結果、補修補強工事の内容、緊急点検の実施状況などを記録する。その際、補修補強内容を踏まえた再判定も行う。

●健全度の診断

区分		定義
I	健全	道路橋の機能に支障が生じていない状態
II	予防保全段階	道路橋の機能に支障が生じていないが、予防保全の観点から措置を講ずることが望ましい状態
III	早期措置段階	道路橋の機能に支障が生じる可能性があり、早期に措置を講ずべき状態
IV	緊急措置段階	道路橋の機能に支障が生じている、または生じる可能性が著しく高く、緊急に措置を講ずべき状態

◉インフラ長寿命化計画

　政府は橋梁に限らず、インフラ全般の老朽化に対して、2013年11月「インフラ長寿命化基本計画」を策定。中期的な維持管理や更新などの方向性を示した。20年ごろまでには「インフラ長寿命化計画」(行動計画)で対象とした全施設の健全性を確保する。

　14〜20年度を計画期間として国土交通省が14年5月に定めた行動計画では、メンテナンスサイクルの構築やトータルコストの削減と平準化、地方自治体などへの支援を重視。主な取り組みの例として、基準類に基づく適切な点検・診断、データベースの構築や改良、民間資格の評価や国の職員の派遣などを挙げている。同行動計画では計画の進捗状況を把握するとともに、フォローアップを行うことも定めた。

　インフラ長寿命化基本計画ではさらに、各施設の管理者が行動計画に基づき、「個別施設ごとの長寿命化計画」(個別施設計画)も作成するよう規定している。

●インフラ長寿命化計画の体系

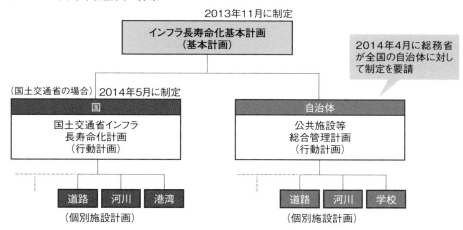

◉道路橋の定期点検

　道路に関しては、2013年の道路法の改正などを受け、道路管理者は橋長2m以上の橋などを対象に、14年7月から5年に1回の頻度で近接目視および打音による点検を実施し、健全性をⅠ〜Ⅳの4段階で診断することが義務付けられた。

　2020年度のメンテナンス年報によれば、直近5年間の劣化度Ⅲの早期措置段階の道路橋は9%の6万601橋、緊急措置段階の道路橋は0.1%の569橋、この段階での修繕の着手率は57%、完了率は36%と少ないのが実情である。

SDGs・カーボンニュートラル

◉**用語の説明**

　SDGsとは、持続可能な開発目標(Sustainable Development Goals)をいう。2015年9月の国連サミットで加盟国の全会一致で採択された「持続可能な開発のための2030アジェンダ」に記載され、2030年までに持続可能でよりよい世界を目指す国際目標である。17のゴールと169のターゲットから構成され、地球上の「誰一人取り残さない(leave no one behind)」ことを誓っており、日本も積極的に取り組んでいる。

●SDGsのシンボルマーク「17の目標」

◉**17の目標**

1．貧困をなくそう
2．飢餓をゼロに
3．すべての人に健康と福祉を
4．質の高い教育をみんなに
5．ジェンダー平等を実現しよう
6．安全な水とトイレを世界中に
7．エネルギーをみんなに　そしてクリーンに
8．働きがいも経済成長も
9．産業と技術革新の基盤をつくろう

10．人や国の不平等をなくそう
11．住み続けられるまちづくりを
12．つくる責任　つかう責任
13．気候変動に具体的な対策を
14．海の豊かさを守ろう
15．陸の豊かさも守ろう
16．平和と公正をすべての人に
17．パートナーシップで目標を達成しよう

◉カーボンニュートラル

　2020年10月26日、第203回臨時国会の所信表明演説において、菅義偉内閣総理大臣(当時)は「2050年までに、温室効果ガスの排出を全体としてゼロにする、すなわち2050年カーボンニュートラル、脱炭素社会の実現を目指す」ことを宣言した。この「温室効果ガスの排出を全体としてゼロ」とは、わが国の二酸化炭素をはじめとする温室効果ガスの総排出量から、森林などによる吸収量を差し引いて、実質ゼロとすることを意味している。

●2050年カーボンニュートラル目標

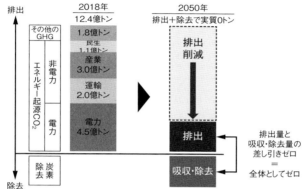

◉SDGsとカーボンニュートラル

　カーボンニュートラルは、SDGsの目標7と目標13につながる取り組みである。現在、世界に深刻な影響を与えている気候変動の問題を食い止めるため、CO_2を排出しないクリーンな再生可能エネルギーの使用割合を増やすことなどが欠かせない。そこで、世界各国で企業を中心に、カーボンニュートラルの実現を目指す取り組みが広がっている。

◉コンクリート分野の取り組み

　国際エネルギー機関(IEA)によると、2018年の発電や輸送などを除いたセメント・コンクリート産業界のCO_2排出量は、総排出量約85億トンの約27%を占め、産業界で最多となっている。その対策として、セメント製造時のエネルギーの削減や、原材料であるクリンカの削減が検討されている。その他にも、CO_2を吸収するコンクリートや、生コンクリート製造時のスラッジの有効利用、解体コンクリートをCO_2吸収材料とする再利用、CO_2を固定した各種材料、CCS「二酸化炭素回収貯留」との併用等の検討が進められている。

十河 茂幸（そごう・しげゆき）
近未来コンクリート研究会代表
1948年広島県生まれ。74年九州工業大学大学院工学研究科修了後、大林組に入社。2011年から広島工業大学工学部教授、2017年から現職。工学博士、技術士（建設部門）、コンクリート主任技士、一級土木施工管理技士、プレストレストコンクリート技士、コンクリート診断士

平田 隆祥（ひらた・たかよし）
大林組技術研究所生産技術研究部上級主席技師
1963年福岡県生まれ。88年東京理科大学理工学部土木工学科を卒業後、大林組に入社。2002年東京本社土木技術本部構造技術部課長代理を経て、16年から現職。博士（工学）、技術士（建設部門）、一級建築士

宮里 心一（みやざと・しんいち）
金沢工業大学環境土木工学科教授
1971年東京都生まれ。94年東京工業大学工学部土木工学科卒業、98年同大学院工学研究科土木工学専攻中退後、同国際開発工学専攻助手に着任。2001年金沢工業大学へ異動し、11年から現職。05年から日本コンクリート工学協会（現・日本コンクリート工学会）ひび割れ調査、補修・補強指針作成委員会委員。博士（工学）

内田 美生（うちだ・よしお）
一般社団法人日本建設機械施工協会施工技術総合研究所技術主幹
1959年東京都生まれ。83年埼玉大学工学部建設基礎工学科を卒業後、住友セメント（現・住友大阪セメント）に入社。セメントコンクリート研究所、東北・東京支店、中研コンサルタント勤務を経て、17年から現職。博士（工学）、技術士（建設部門）、コンクリート主任技士、コンクリート診断士

落合 光雄（おちあい・みつお）
中研コンサルタント関東技術センター長
1963年群馬県生まれ。89年群馬大学大学院工学研究科建設工学専攻を修了後、住友セメント（現・住友大阪セメント）に入社。19年栃木技術センター長を経て、21年から現職。コンクリート主任技士、コンクリート診断士

コンクリート診断士試験 重要キーワード130

2022年1月24日　初版第1刷発行

著　者	十河 茂幸、平田 隆祥、宮里 心一、内田 美生、落合 光雄
編　者	日経コンストラクション
発行者	吉田 琢也
編集スタッフ	浅野 祐一
発　行	日経BP
発　売	日経BPマーケティング
	〒105-8308　東京都港区虎ノ門4-3-12
デザイン・制作	ティー・ハウス、美研プリンティング
印刷・製本	美研プリンティング

©Shigeyuki Sogoh, Takayoshi Hirata, Shinichi Miyazato, Yoshio Uchida, Mitsuo Ochiai
2022　Printed in Japan

ISBN 978-4-296-11169-5

本書の無断複写・複製（コピー等）は著作権法上の例外を除き、禁じられています。購入者以外の第三者による電子データ化及び電子書籍化は、私的使用を含め一切認められておりません。
本書籍に関するお問い合わせ、ご連絡は下記にて承ります。
https://nkbp.jp/booksQA